智能推荐

让你的业务千人千面

刘国昊 周波◎著

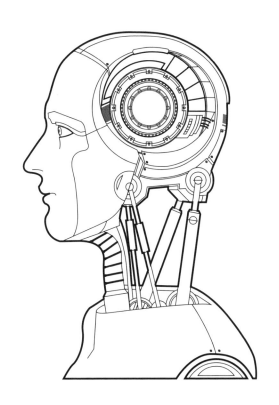

北京燕山出版社
BEIJING YANSHAN PRESS

图书在版编目（CIP）数据

智能推荐：让你的业务千人千面／刘国昊，周波著
. -- 北京：北京燕山出版社，2020.7
ISBN 978-7-5402-5766-8

Ⅰ.①智…　Ⅱ.①刘…　②周…　Ⅲ.①人工智能 - 应
用 - 搜索引擎 - 研究　Ⅳ.①TP391.3

中国版本图书馆 CIP 数据核字（2020）第 128803 号

书　　名：**智能推荐：让你的业务千人千面**
作　　者：刘国昊　周　波
责任编辑：满　懿
出版发行：北京燕山出版社
地　　址：北京市丰台区东铁营苇子坑路 138 号
网　　址：http://www. bjyspress. com
电　　话：（010）65240430
电子信箱：bjyspress@126. com
印　　刷：河北宝昌佳彩印刷有限公司
经　　销：新华书店
规　　格：170 毫米×240 毫米　16 开本　14.75 印张　178 千字
版　　次：2020 年 9 月第 1 版　　2020 年 9 月第 1 次印刷
定　　价：76.00 元

导　读

　　在国家尚未提出"大众创新，万众创业"的号召时，笔者从大学时代便开始了创业生涯，从国内第一家公益众筹网站到自媒体联盟再到 O2O 生鲜电商，每一个创业项目都走在风口之前，拿到多轮投资，也曾负债累累。

　　记得在 2016 年夏天，笔者与生鲜电商创业项目的老搭档兼 CTO 闲聊起未来线下生鲜店的发展方向时，老搭档的一句话让笔者对数据的智能应用产生了浓厚的兴趣："未来线下零售店，当顾客一走进门店时，售货员便知道顾客喜欢哪件商品。当积累的顾客数据多了之后，零售店就可以根据这些顾客的历史消费记录去调整商品的陈列，不仅让顾客可以找到需要的商品，还能够搭配关联商品让顾客一同购买，同时又给供应链提供优化的方向，甚至电子屏幕广告牌展示的都是顾客感兴趣的内容……"

　　在同年秋天，伴随着收集的人工智能行业的信息越来越多，笔者发现之前畅想的智慧门店的实现思想与路径，其实就是——智能推荐！在完成对人工智能行业所提供的商业价值的初步分析判断，处理完生鲜电商项目的事宜后，笔者便一股脑儿地扎进人工智能行业。刚进入这个行业时，发现有太多可以对产业进行改造和升级的应用和场景，于是乎，摩拳擦掌、跃跃欲试的笔者便进入现在所服务的公司——艾克斯智能公司。进入公司几个月后，笔者的一腔热情便被浇凉了一半，泼冷水的人正是这家公司的创始人周波。在与周波共事的几个月中，笔者的一些对智能应用落地的畅想便被他十几年的商业智能从业经验一一捋顺，笔者对人工智能行业的发展现状、商业逻辑、实现方式有了新的认识角度，对人工智能行业的认知也完成一次"落地化"的升级。

几年来，笔者在一线接触了上百个智能化应用项目，除互联网行业的项目之外，还有金融、传统制造业行业等项目。在接触了十几个项目后，被浇灭一半的热情又燃烧起来，但与之前不同的是，笔者变得冷静、理智、客观了许多。之所以重燃了热情，是因为笔者看到，纵使现有的技术不够成熟、不够理想，但各个组织单位爆发出强烈地通过应用人工智能技术实现"提效率、降成本"的需求，甚至笔者所服务的公司，以及大众印象里与智能化距离较远的煤矿、石油行业都实现了智能化项目的落地和应用。

虽然笔者所服务的公司，不断有 NLP（自然语言处理、计算机视觉识别）项目的合作与落地，但笔者最感兴趣的项目依然是智能推荐。而在服务智能推荐项目的过程中，笔者产生了以下四个强烈的感受：

- 应用场景太广泛，不同场景之间的具体推荐思路有很大的不同。
- 不仅是老百姓，连大多数互联网从业者也搞不清楚智能推荐是个什么神奇宝藏。
- 很多专业术语很高深，其实往往是从常识引申出的理论与方法。

- 应用场景多样化，而互联网行业可能仅仅是智能推荐的起点。

一位斯坦福大学的教授通过"贪心算法"找到了自己的车，这听起来是不是很高深？而这个算法讲的是什么呢？举个例子来说明：笔者到停车场找自己的车，先往东走了几步，锁车听喇叭声音距离自己的远近，如果远了就往西走，如果近了就继续往东走，这就是"贪心算法"的原理。实际上，当你知道了"贪心算法"的原理之后，你会发现它其实一点都不高深，我们找车不就是这么找的嘛！

智能推荐虽然是基于 AI 的技术应用，但不能仅仅停留在技术层面，从实际应用效果来说，在大规模商业化的场景下，想把推荐模型高性价比地发挥作用其实并不容易，很多模型从理论上来说确实可以达到好的效果，现实却没有实现的条件。任何一个推荐系统的项目，至少会有两种及以上用不同模型实现的思路。不管是智能推荐技术提供方，还是智能推荐技术使用方，都需要将智能推荐与实际的应用场景结合起来。本书不是技术图书，而是一本关于应用的图书。

笔者从上述四个感受出发，致力于通过"说人话"的方式，帮助读者了解，智能推荐到底是什么，有什么价值，我所服务的企业要不要应用智能推荐及不同场景应该怎么应用。

本书共分七章进行讲解。第一章讲什么是智能推荐，第二章讲要不要上线智能推荐，第三章讲智能推荐在资讯场景的应用，第四章讲智能推荐在电商场景的应用，第五章讲智能推荐在文娱行业的应用，第六章讲智能推荐的未来，第七章讲如何实现智能推荐。笔者之所以选择资讯、电商、文娱行业来详细地讲解智能推荐的应用方式，是因为现阶段智能推荐在这三个行业的应用最为成熟，在成熟与不成熟的过程中，智能推荐也暴露了很多问题，进行了多次优化，而且这些问题都比较有代表性。

希望这些问题的解决方式对智能推荐感兴趣的互联网从业者及准备上线智能推荐的企业管理者（不管是新型互联网企业还是传统行业企业）有一定的启发。

可以自信地说，对于智能推荐领域，笔者最大的优势是见过、服务过、实战过上百个项目，这些项目几乎涵盖了所有体量的互联网公司和部分传统组织与线下场景。本书中的所思所想都是在实战过程中积累的真实经验，而非坐在办公室、实验室凭空想出来的。本书中的推荐场景问题解决在一定程度上贯彻了笔者的做事态度：用聪明的方法，做落地的事。希望本书对读者有一定的积极意义，同时也欢迎同行对本书内容进行指教与批评。

推荐序

促进价值实现的技术应用

满足市场和用户的需求，是企业和组织的生存法则，也是世界良性运转的驱动力。企业始终在寻觅目标用户，用户也始终在探究变化的世界、新产品和新服务。解决两者之间信息不对称的问题，最优解是不同时代有不同的交互方式。当下，我们所处的互联网时代，智能推荐是值得重视、研究和应用的方式之一。

企业满足用户的根本前提是洞察，即对人和社会的理解。互联网大流量产生的有特征的用户数据，是用户在应用场景中留下的痕迹，是可量化和计算分析的行为方式与意识流。人的意识与行为方式来自禀赋和教育成长经历，同时也受时代和环境的影响。人与人之间的行为模式有普遍共性，更有基于兴趣、倾向的不同点，以及由此带来的认知、判断与选择差异。大数据分析可以帮我们获知用户特征和区别用户，AI 智能算法则可以通过特征、关联等要素，进一步模拟人的认知、判断和选择模式，在能力与倾向区别的基础上，给出个性化的信息与导向，目的在于更流畅、更贴合地满足用户诉求，引导下一步操作。下一步是什么？直接或间接的目标是交易（Transaction），即实现价值交换。本书详述了智能推荐的各种算法研究与应用现状，值得学习和了解当下发展水平及未来思考。

今天的智能推荐应用使我们可以轻松地获得大量信息和服务引导。而基于工业企业和组织之间的智能连接行为、不同行业的智能适配或关键内容即时产生，智能推荐还有很大的空间。换言之，新基建时代的工业互联网、物联网的建设与实现，会进一步产生有价值的数据与信息，产业链的数据化与协同会成为可能。在此基础上，智能推荐也将实现更完整的闭环分析与应用。

社会创新与进步来自不断变化的人们的需求，来自不断追求美好生命体验的终极目标。智能推荐的有效实现，需要洞察这样的变化，需要理解和尊重人类不断进化的心智模式和选择，从而实现更高效、更有价值的服务。

人类与技术都在发展，彼此促进、有价值、可持续是真谛。

焦点科技股份有限公司 （中国制造网， Made-In-China. com）

副总裁　李丽洁

2020 年 3 月 20 日

目　录

♻ 第三章 指尖上的新媒体
——智能推荐在资讯场景的应用

♻ 第四章　上岗的"机器导购员"

——智能推荐在电商场景的应用

第五章　风口上的文娱推荐

——智能推荐在文娱行业的应用

第六章　智能推荐的未来

第七章　AI 智能推荐技术概述
——如何实现智能推荐

第一章

智能推荐背后的人工智能成长
——什么是智能推荐

第一节 ⊙ 浪潮中的推荐

电视剧《长安十二时辰》中的大 Boss 徐宾以一人之力巧妙利用各方势力的诉求和弱点，完整策划和实施了针对圣人的袭击与拯救，以达到向圣人展示自己才能的目的。虽然，最终未能官拜宰辅，但其引以为豪的技能——大案牍术，却被观众津津乐道。

徐宾以档案数据为基础，佐以出色的计算和记忆能力，在剧中推理调查、判案决断，并精确地掌控每件事情的进展甚至预言未来，让剧中所有人都陷入他精心策划的剧本中，不得不让众多观众调侃为：唐朝的大数据！

笔者作为数据领域的从业者，当看到"大案牍术"时，仿佛看到了在大数据的前提下智能推荐的工作过程。徐宾阅读大量的档案数据（文本训练数据集），自创数据计算方法（算法），并形成大案牍术技能（算法模型），在遇到每一个需要决策的事件时，将解决此事件可能用到的信息传送至算法模型后，便会得到最优的处理方法，这就是智能推荐的过程。

智能推荐具有无限的想象力，笔者姑且认为，"大案牍术"是智能推荐的高级阶段或是未来才可能实现的应用场景。而现阶段，具备初级智能推荐能力的应用其实早已融入人们的日常生活中。

我们在抖音上刷到的视频，淘宝上看到的商品，网易云音乐上听到的歌曲甚至在今日头条上看到的广告，之所以每个用户看到的都是不同的内容，是因为背后的智能推荐无时无刻不在计算中。毫不夸张地说，智能推荐已经深度影响了人们在互联网上获取信息的方式与内容。为什么智能推荐会突然爆发，席卷了各大过亿用户注册量的应用呢？智能推荐的被追捧、被广泛应用，是互联网发展到现阶段的必然选择。

互联网上第一代信息获取的地点为资讯类的门户网站，那时候信息量相对来说没有那么大，单纯地依靠编辑手动的整合内容，人们像在图书馆里一样，分门别类地去找自己需要的内容。

随着互联网的普及与信息量的暴增，人们获取信息的广度、深度和频度的需求不断增长，于是催生了第二代信息获取方式：搜索引擎。这时看新闻、逛论坛甚至听音乐都是通过搜索站点的形式去完成，人们基本可以实现明确的信息获取。而在此时，智能推荐已经悄然诞生了（亚马逊出现了购物推荐，国内的某几个PC 网站在 2006 年已经出现了机器推荐），只不过市场和人们还没有注意到他们。

当移动互联网时代来临时，受制于手机屏幕的大小，人们开始不满足使用门户网站和搜索引擎去获取信息。在海量的信息、碎片化阅读的背景下，人们产生了更高效、更智能、更友善、更方便地获取信息的需求。于是，智能推荐开始从原来的各大平台用户辅助操作路径转变为主要操作路径，智能推荐也逐渐被更多的人注意和体验。像淘宝原来只在部分页面使用商品推荐，提高购物的提篮率，而在移动互联网时代，从淘宝的首页直到购物的全流程，智能推荐全部参与其中，承担了平台内商品分发的职责。而今日头条，其平台的主流量位置也全部智能推荐化，主打个性化的阅读方式与老牌的媒体应用火花不断。智能推荐之所以被突然"扶正"，是因为移动互联网时代的到来。

移动互联网时代，人们获取信息的载体已与 PC 互联网时代不同。在 PC 互联网时代，人们从门户网站密密麻麻的分类里找信息，这种从阅读纸质报纸延伸出来的习惯，人们尚且能够接受。而在移动互联网时代，小小的手机屏幕无法承载纸媒似的排版。像微博、Facebook 等社交媒体的诞生，培养了人们通过屏幕的上拉下滑获取信息流的方式，而这种阅读习惯导致流量在某一个界面的高度集中，在人工编排版面的情况下必然导致内容阅读的"马太效应"，对于内容生产方来说，大量的内容曝光不出来，也就有很大概率无法满足某类用户的信息获取，造成用户流失和运营资源的浪费。所以，智能推荐成了各大平台信息分发的必选项。

由于移动互联网的兴起，大量数据得以积累，使机器学习算法得以打破以往数据的限制，从 2012 年 AlexNet 在图像识别领域成功以后，各类机器学习、深度学习的算法、理论、应用呈井喷式发展，深度学习算法逐渐与传统推荐系统进一步地融合，不断创造出新的模型，使得推荐系统的技术不断精进，提供更大的商业价值。同时，由于 GPU 等高性能计算的兴起，又使得我们在可以控制的时间内实现训练复杂的神经网络，这使得作为人工智能领域消耗机器学习算力资源的大户、依赖高性能计算的推荐系统具备了应用多模型进行推荐的可能性。当然，高性能的计算并不仅限于 GPU，在 CPU 上的大量向量化计算、分布式计算，这些都和 20 世纪 60 年代起就开始研究的 HPC 领域的进步密不可分。

值得一提的是，智能推荐没有局限在内容平台的应用，而是在互联网企业和传统企业都有广泛的应用场景。如打车软件的线路规划，外卖软件的骑手派单，客服团队的坐席分配，新产品上市的用户推广甚至公司曾经服务过的国家知识产权局的译员分配、电信运营商的客服工单分配，都在使用智能推荐提高工作效率。

资讯、电商、教育、社交、物联网及部分传统行业的业务都在不同程度上与智能推荐发生着化学反应。从企业发展的趋势来看，数十万计的传统企业在逐步将经营过程数字化形成数据资产后，智能推荐将会通过对数据资产的挖掘和利用，产生更多具备想象力和实际价值的应用场景，从而提升企业的生产效率。

第二节⊙智能推荐的本质

在移动互联网时代，已经有大部分人感受到了智能推荐的便利与惊喜。无论是综艺节目上嘉宾大谈大数据的智能化，还是人们闲聊时表达购物网站、资讯平台能知晓自己日常喜好时的惊愕，都可以窥见的是，时至今日，智能推荐已成为一门显学，且与人们的日常互联网生活密不可分。但只有很少人知晓智能推荐的背后其实是一套建立在数据收集、计算基础上的算法推荐系统，甚至很多互联网从业者也搞不清推荐系统的概念、原理与应用场景。

那么，推荐系统到底是什么？

百度百科上对于推荐系统的定义是：推荐系统把用户模型中兴趣需求信息和推荐对象模型中的特征信息相匹配，同时使用相应的推荐算法进行计算筛选，找到用户可能感兴趣的推荐对象，然后推荐给用户。

这个定义有点拗口，但大致讲清楚了推荐系统的运作路径。下面，笔者将从三个方面来阐述这套系统：

- 推荐系统能做什么。
- 推荐系统的运行原理。
- 推荐系统的泛化场景。

一、推荐系统能做什么

对于"推荐系统能做什么"，笔者的理解是：推荐系统能把信息投递给需要此信息的用户。这个信息包括但不限于内容、商品、人等。这样看来，好像有其他方式也能实现推荐系统的作用，但其实是有差别的。如图 1-1 所示。

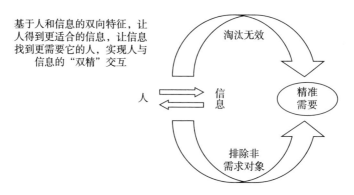

图 1-1 智能推荐示意图

在互联网时代，人们大致经历了三种信息获取方式，即分类目录、搜索引擎、智能推荐，并分别诞生了提供三种信息获取方式服务的成功的公司。分类目录有雅虎、新浪；搜索引擎有谷歌、百度；智能推荐有字节跳动。

分类目录覆盖信息量有限，用户分门别类查找信息并不轻松。搜索引擎覆盖量大，操作简单，但用户必须提供精确的关键词，而智能推荐则是通过对用户行为数据的计算，将用户最有可能需要的信息主动推送给用户。其与分类目录和搜索引擎的区别有以下几点：

（1）推荐系统基于用户的静态属性与用户行为数据进行信息匹配，因每个用户存在个体性差异，所以每个用户获取的信息都是不同的，都是个性化的。

（2）用户的显性行为和隐性行为都会反馈至推荐系统，其数据收集的维度更全面，信息与用户的匹配度更高。

（3）推荐系统打破了信息传递的马太效应，能帮助用户发现本来很难发现的信息。

（4）推荐系统传递信息的过程是主动而非被动的。

为了方便大家理解，举个例子：

用户在今日头条上的每一次点击、分享、点赞甚至浏览时长都代表了用户对不同内容的不同兴趣度，推荐系统能根据综合的行为权重去计算、预测当前用户最需要的内容 List，并按照兴趣程度大小依次主动展示给用户，并且随着用户行为的变化，这个内容 List 也在不断变化来满足用户的动态需求。

二、推荐系统的运行原理

下面，笔者将分享艾克斯智能公司的智能推荐系统的技术架构。如图 1 - 2 所示。

推荐系统主要由六个部分组成，分别是数据层、特征抽取层、模型层、结果层、缓存层和发布层。

数据层主要用来存储用于推荐的数据，包括用户的静态数据、行为数据、物料数据。其中，用户的行为数据包括"用户在什么时间对什么物料发生了什么行为，这个物料是什么"。

特征抽取层主要用来接收、清洗来自数据层上报的数据并进行数据特征抽取，一般来说需要经历文本数据的分词、降维、去噪、向量化，生成能够被模型层用来建立模型的特征向量。

特征抽取层处理过的数据会上报至模型层进行建模，一套成熟、通用的推荐系统模型层一般会包括语义模型、LSTM 模型、

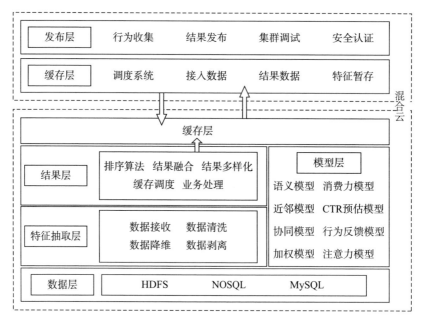

图1-2 艾克斯的智能推荐系统技术架构

近邻模型、协同模型、FM 模型、GBDT + LR 模型、DNN 模型、加权模型、用户行为反馈模型等，适配电商业务的模型一般还会有用户消费力模型、召回周期模型等。而具体选择哪套模型，哪几套模型融合做多线路召回，取决于业务场景、业务目标、数据特征、计算时间、成本及商业价值目标，根据业务做多模型融合的判断和选择。各套模型将用户的特征向量通过特征－物料相关矩阵转化为初始推荐物品列表。判断一套推荐系统是否灵活，是否能根据业务场景进行实时的调整则要看模型里是否包含加权排序模型，也就是说，推荐系统的运营者能否通过加权体系实时干预推荐结果的输出。

模型层的模型分为近线计算与离线计算。

对于近线计算来说，主要目的是实时收集用户行为反馈，并选择训练实例，实时抽取拼接特征，并近乎实时地更新在线推荐模型。这样做的好处是用户的最新兴趣能够近乎实时地体现到推荐结果里。

对于离线计算而言，通过对线上用户点击日志的存储和清理，整理离线训练数据，并周期性地更新推荐模型。对于超大规模数据和机器学习模型来说，往往需要高效的分布式机器学习平台来对离线训练进行支持。

结果层主要的作用是对模型层产出的结果进行过滤与排序。过滤主要包括已发生行为的结果、屏蔽的结果、候选物料以外的物料。一般来说，模型层的多个模型会分别输出特定的结果及权重，而结果层则通过排序将结果按照权重或者优先级排列。当有特定业务需求时，结果将根据业务规则生成最终的推荐结果，并上报到缓存层，供前端用户进行调用。举个例子：某电商平台只在推荐列表中推荐净利润为 5 元以上的产品，且要求利润越高的产品要优先推荐，这时结果层就过滤了 5 元以下的产品，并通过加权模型产生的权重影响了推荐结果的最终排序。

模型层和结果层共同组成了推荐系统的召回和排序阶段。通过召回环节，给用户推荐的物料从数以万计降到数以千计以下的规模。利用排序模型通过粗排的方式进一步减少后续环节传递的物料，再通过较为复杂的排序模型和权重体系对物料进行精准排序。当然，精准排序后的结果往往也不会直接展示给用户，可能还要加上一些业务策略，例如去重已读、推荐多样化等，最后形成推荐结果存放于缓存层。

缓存层主要用于推荐结果的暂存，供用户进行实时的调度，就好像从上游流下的河水都被暂存在了堤坝中。而发布层则作为用户调度使用和用户收集的接口，供平台方在各个业务场景下释放推荐结果。例如农田需要灌溉，就从水库中引一部分水到田中；人们需要喝水，就从水库中引一部分水到自然水厂；若旱季到了，原有的供应量达不到灌溉量，那么农业部门则要求堤坝多放一点水到农田中以保证正常的灌溉。

从推荐系统的架构可以窥见，推荐系统涵盖了数据存储、特征抽取、特征计算、推荐结果排序和前端结果调用，其本质是一套基于数据计算的信息分发系统。由于底层数据如用户数据、用户行为数据的不同，其最终调用的结果显然也是不同的，因此这套信息分发系统具备了个性化分发的特性。

三、推荐系统的泛化场景

用户一般体验的推荐场景往往集中在电商、资讯、社交等场景，这是狭义上的智能推荐，而广义上的智能推荐，其涵盖的场景要更广泛。这些场景存在于物联网和企业的内部运转流程中。下面，举笔者公司服务过的四个场景：

（1）车联网推荐。汽车上的智能推荐主要是通过在主机上搭建推荐系统，并通过中控屏幕实现用户的交互和服务的推荐。车联网主要是实现两方面的推荐：娱乐信息推荐、生活服务推荐。娱乐信息推荐包括通过中控系统操作播放的音乐、广播等。生活服务推荐包括行驶线路、加油站或充电桩、餐厅、汽车美容、天气预报等。娱乐信息推荐主要通过算法进行推荐，其运行逻辑跟互联网场景下的推荐逻辑大致相同。生活服务推荐的实现形式则是在算法之外涉及规则推荐。举个例子：车内现存油耗若不能支持车主距离目的地所需油耗，则会在一定油耗情况下向车主发出告警，并推荐附近加油站。如图 1-3 所示。

（2）译员分配。知识产权局有大量的海外专利说明需要翻译，每个行业都有大量专有名词，对于翻译人员来说每个人都有自己所熟悉、专业的领域，那么推荐系统可以为每个翻译员分配

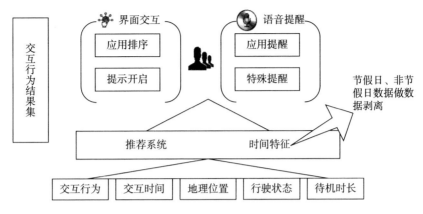

图 1-3　车载中控推荐系统架构图

专利文件。当翻译资料很多而翻译资源不足时，推荐系统会尽可能地为翻译员分配其熟悉类型的文件，提高翻译效率；当翻译的资料没那么多而翻译资源充裕时，推荐系统会为翻译员分配更多具备多样性的稿件，以提升翻译员的业务能力。推荐系统实现自动的文件分配，翻译员只需要接稿、译稿即可。

（3）试题推荐。部分学校及学习机类企业需要针对不同水平学生实现"自适应教育"，其中的场景是根据学生的学习记录智能推荐相应试题进行评测，并根据评测结果再推荐同一知识点不同难度等级的试题进行强化练习。同理，学生也可以浏览与错题相关的知识点进行学习补充，再进入强化练习环节，从而通过智能推荐实现个性化学习、评测、强化的闭环。如图 1-4 所示。

（4）办事服务推荐。政府事业单位在政务服务集约化之后的下一个环节则是为群众提供个性化的办事服务，实现千人千网。政务服务平台可以根据群众的办事记录、政务网站浏览记录等实时向群众推荐所关心及所办理事项所需了解的政策、资料，并可根据当前办事进度提供下一步的指导办理意见和所需流程、文件，并在事务办理过程和结束后通过多种渠道自动推送办事结果

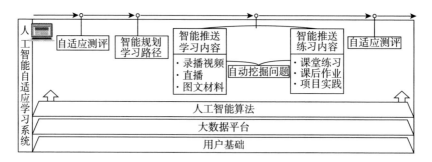

图 1-4 智能推荐在自适应学习中的应用

及后续建议，帮助群众更便捷地完成办事诉求。

以上四个例子是笔者所在公司实际经营过程中服务的传统企业、政务推荐场景，像车联网推荐横向的业务场景是广大的物联网服务市场，译员分配推荐的横向业务场景则是涉及人力资源分配的流程服务，还有诸如客服分配、律师分配等。

综上所述，推荐系统在互联网行业场景和传统政企场景，通过对信息精准、个性化的分发，节省了 C 端用户、运营者对部分信息的筛选、辨别而消耗的精力，并通过数据算法计算的形式将机器理解的最优需求解决方案推荐给用户，帮助用户实现更加智能的个人决策需求。在未来，我们期许推荐系统还可以应用到更广泛的场景，从而让算法、数据可以为老百姓的生活和工作带来更多的便利，让 AI 得到更多的普及与应用。

第三节⊙推荐已换代

推荐系统其实并不是一个新鲜的概念，其初端是信息检索技术、计算机统计学等学科的实践延伸。

一般认为，推荐系统诞生于1994年的明尼苏达大学双城分校计算机系。GroupLens研究组设计了名为GroupLens的新闻推荐系统，且首次提出了协同过滤的思想，并且为推荐问题建立了一个形式化的模型。在之后的十几年中，其他一些著名的协同过滤算法相继被提出，主要有基于物品的协同过滤算法（Item-based Collaborative Filtering，Item-based CF）（Sarwar，2001）、基于矩阵分解的协同过滤算法（Matrix Factorization-based Collaborative Filtering，MF-based CF），等等。

推荐系统真正地进入人们的视野要归功于亚马逊和Netflix。亚马逊早在1998年，便上线了基于物品的协同过滤算法，将推荐系统的处理规模扩大至服务千万级的用户和处理百万级的商品，可谓是推荐系统商业化的鼻祖。而2006年Netflix举办的奖金为100万美元的推荐算法比赛将推荐系统的研究推向了高潮。此后十几年间学术界不断有新的推荐理论及算法诞生，对于商业场景来说，技术的新旧并不重要，重要的是如何互补、融合、应用多种算法，使推荐技术真正能为公司带来最大的经济效益。

产业界对推荐的利用更加朴素，最早的推荐就是商店的橱窗，将不同的品类放在不同的区域，再把不同的系列放在不同的货架，将新款放在更明显的位置上，分门别类地让客户更方便地找到他想找到的东西。它非常重要，以至于商品陈列师都可以成为一种职业。显然，这种分门别类的推荐方式不够有想象力。于是，人们开始追求更智能的推荐方式，可以根据每个人实现针对性的推荐。

对应到互联网平台上，因为用户在互联网上产生的数据足够保证对每个人进行单独分发，于是运营者开始对用户分区，不同区域的人看到同一个版面，内容也是不同的，例如新闻版面的地方频道。再往后大家就意识到，每个人的需求是不同的，不仅同一区域的人看到的不一样，每个人看到的也都不一样，想要更符合信息分发高效性的原则，于是有了智能推荐的尝试。而这期间则经历过，关联规则推荐，标签推荐、RFM 推荐、机器学习与深度学习模型推荐等并最终发展成了基于用户行为且融合多模型、多线路召回（多算法模型提供推荐结果）的算法推荐。

商业化场景讲究的是落地，是实实在在看到推荐的效果，不同的业务场景是需要不同的推荐算法来实现数据目标的，比较成熟的推荐系统一般以 NLP 为底层技术，包含语义分析算法、近邻算法、协同过滤算法、行为反馈算法、热度扩散算法、机器学习和深度学习等。具体的业务场景也会在一定程度上结合规则做融合推荐。

而对于智能推荐的未来，很多人会提出未来的发展是模型精度的提升，是更多维度数据的获取，是新的推荐算法理论的应用，是计算成本的进一步降低……凡此种种的进步，在笔者看来都是技术的视角，着力点都是提升推荐精准的概率（这个概率是有天花板的）。

从智能推荐的本质来看，人的需求是在变化的，关注点也在变化。每个人的信息获取来源是多元的，智能推荐会逐步与更多的信息源产生有机融合。可能我今天想买某种东西是因为在电梯里看了个广告、在车上听了个广播，也可能是音响智能助手的推荐。所以，信息来源的多样性决定了目前的信息分发平台不可能覆盖人的所有生活场景。

智能推荐承担的内容智能分发，逐步从 App 的新闻、商品的分发到物联网及企业生产的分发，例如车载娱乐推荐、家庭智能音响信息推荐，这是在物联网环境的分发。例如典型的译员分派、客服坐席分派，这是在生产环节上的分发。信息流的分发从对用户的迎合变成对用户的引导，像译员分派，忙时就把最擅长的内容分给他，闲时就把更多样的内容分给他，以培养他的学习能力。

从产业界的现状看，推荐系统的应用场景还非常狭窄，大多集中在互联网行业，所以智能推荐的未来必定是更深层次地融入人们的线下家庭生活和企业生产运营场景，更多地作用于信息的引导，帮助用户更智能地做决策，而不是在于让信息分发更加精准，再精准都只是概率而已。这里才是智能推荐真正可以大展身手的地方。

第二章

智能推荐大有可为
——要不要上线智能推荐

第一节⊙用户时间的争夺战场

2019 年始，国内由增量市场进入存量市场，传统行业如此，互联网行业亦如此。全行业的管理模式都是由之前的粗放式运营向精细化运营转变。能给企业带来更多利润的运营手段由之前的跑马圈地、扩产能、扩市场转变为降成本、提效率。

在移动互联网行业的大环境里，国内市场的"人口红利"基本已经结束，无论是流量入口抑或是垂直平台，基本都已经完成了卡位和布局，鲜有颠覆现有市场格局的挑战者入局再拉动一次流量的增长。各大平台内部都在加速对流量的整合与变现，互联网市场正式从"英雄辈出、兵荒马乱"的时代进入"合纵连横"的时代，完成了从上半场到下半场的交替。

从移动互联网运营的角度看，上半场的特点在于扩大用户增长规模，而下半场的特点在于将更多用户留在现有平台内。通过优化平台使用体验、完善目标用户需求功能等精细化运营手段，将更多用户留在现有平台，提供更多的使用场景，争夺用户的碎片化时间，提高和完善平台的商业变现能力。

那么，移动互联网行业的商业模式有哪些呢？

我们来看内容平台的移动互联网商业模式图，如图 2 - 1 所示。

这里的内容平台泛指以用户消费信息而产生价值的平台，例如阅读新闻、购买商品、建立好友关系等。

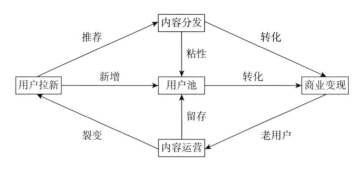

图 2-1 移动互联网商业模式图

可以看到，一款移动互联网产品基本上是由 4 个模块组成：用户拉新、内容分发、商业变现、用户运营。

这与线下场景的商店做生意的逻辑是一样的。

以逛宜家为例，通过广而告之的手段吸引顾客进入宜家，根据宜家的商品陈列顺序，顾客可以进行体验，并最终挑选满意的商品。此时，商家已经完成新用户的商品变现，新用户也就变成老用户和付费用户。宜家再通过一系列的活动持续地吸引顾客再次入店，并鼓励顾客将到宜家可以买到合适的家居用品的信息传递给朋友、家人，这样就实现了顾客的再拉新，在移动互联网中称为：用户裂变。

当宜家可以通过较低的广告费用拉来新顾客，并尽可能地让顾客在逛的过程中多付费，买完之后还继续地信赖宜家并再次复购时，宜家就产生了良好的 ROI 模型，也就是具备了可复制和规模化盈利的能力后，宜家就可以通过开分店的形式继续完成商业版块的扩张。所以，移动互联网和线下场景的生意在本质上是一样的，都是通过提效率、降成本、增营收的方式，打造良好的 ROI 模型，进一步扩展市场，从而获得更大的经济效益。

那么，整个商业闭环涉及的各个环节是什么？

一、用户拉新

用户拉新的方式常见的有几种：地推、手机预装、品牌流量推广、社交推荐、用户裂变等。不论是哪种方式，用最低的成本获取更多的目标用户始终是用户拉新的最终目标。从理论上讲，任何用户都是有价值的，关键看平台的服务与内容能否满足用户拉新的需求。当然，并不是拉来的用户有什么需求，平台的服务就定位成什么样子，而是根据平台的定位去定向获取新用户。

在目前的大环境下，用户获取的成本越来越高。从移动互联网兴起的 2011 年直到现在，以手机预装获取用户为例，单个用户的获取价格从最初的 0.3~0.4 元，已经攀升到了 10 元左右，这还不算预装的手机里其实有大量用户根本就从未使用过此预装的App。如果想做一个不亏本的买卖，那么就得保证单个用户在平台内产生的商业价值要远超过 10 元。所以，这就对平台的盈利能力和留存能力提出了很高的要求，这也是智能推荐会在移动互联网技术运营市场越来越重要、越来越受欢迎的重要原因。

二、商业变现

商业变现是一款 App 能否立足市场的重要检验标准。商业变现的方式与各家平台提供服务的属性高度相关。一般来说，会有以下五种方式：

（1）广告变现。广告变现几乎是所有提供资讯内容平台的变现方式之一。它的逻辑也相对来说比较简单，每个平台都有自己的用户群体，每个用户群体都有相对应的品牌，品牌方可以选择符合自身目标客户的平台进行广告推广。对于目标用户群体较为广泛的资讯平台，诸如今日头条、百度等，为了提升广告投放的效率，在广告投放方面也纷纷引入了个性化推荐的方式，即千人千面的广告信息。

（2）电商转化。典型的如小红书、马蜂窝，从社区走向了社区电商，也有很多社交平台，像抖音、快手、微博，其带货能力也非常强，能开辟出适合自己的一套变现方式。跨数据类型推荐的方式，也能实现流量的转化。

（3）会员付费。比较适合知识付费、长视频和社交软件。

（4）直播。多用于社交软件和短视频软件。

（5）小额贷款。金融一直是利润率比较高的盈利方式。

三、内容分发

内容分发的方式是多样的，包括算法分发、编辑（人工）分发、社交分发等，内容平台会根据自身的特点选择分发效率高的分发方式。一般来说，在内容平台内会存在多种分发方式并存的情况。

例如，在新闻场景中，可能会有固定类型的新闻需要在指定的位置上展示，其他推荐位置才会用到算法分发。微博的热点场景即算法分发，而关注版块的算法则纯粹是基于订阅的社交分发，或者是一个业务场景，各种分发方式以权重的形式参与最终结果的呈现。如电商搜索版块，不仅用到了以语义和用户行为为主的个性化搜索排序，还对主推商品、流量商品等加大权重，使这些商品在分发过程中，会有更大的概率、顺序较为靠前地展现在用户屏幕上。当平台有海量的内容和数以百万计、千万计的用户规模时，信息与用户的有效匹配显得尤为重要，自然会通过多种方式提高分发效率。

四、用户运营

用户运营所做的事情无非是四个方面：拉新、促销活动、留存和转化。按照方式方法可以分为：活动运营、内容运营、渠道运营、产品运营，等等。

用户运营的日常工作是看数据、做运营，数据化运营是用户运营的前提，而智能推荐所实现的千人千面、高效的信息匹配又是数据化运营中的重要组成部分。

用户的运营价值 = 用户生命周期价值 – 获客成本 – 运营成本，这个公式也与本书的 ROI 模型较为类似。在运营体系搭建，没有太多用户基础数据的初期，很多运营人员为了做用户营销，只能以简单的年龄段、App 使用周期长短等为依据做用户分层，假设不同层次的用户喜好，希望以此为奖励去激励用户转化。这种方式是纯粹的"摸着石头过河"。

以为 A 类用户喜欢青菜，可是萝卜的销量却同比上升 30%；以为 B 类用户喜欢萝卜，可是青菜、萝卜他们都不喜欢，总体销量下降 60%，这都是常见的事。一般在看到活动后的复盘数据，你会大跌眼镜，简直是摸到了礁石。

用户运营是基于数据千人千面地服务每个用户的思路，需要了解每个用户的所思所想（当然，你也可以交由机器去了解）。不过，鉴于用户运营是知识体系庞杂的事情，故不在此书中展开叙述，我们只会涉及运营人员如何正确使用推荐系统的问题。

所以，我们可以看到，推荐系统在整个内容平台的生意模式里会参与内容分发、用户运营，而且分发质量的好坏还会影响商业变现的能力。

其主要的作用是：

（1）在内容分发阶段实现更高效率的匹配，从而提高商业变现的价值。

（2）在用户运营阶段，更多的服务用户的碎片化时间，将用户持续地留在平台内，提高平台的留存率和用户的平均使用时长，在不干预用户拉新的前提下尽可能稳定住平台的用户池，让用户尽可能少地流失。运营人员再通过运营手段将用户池的用户尽可能更高效率地用去拉新和实现商业变现，从而完成整个商业的闭环。

所以，推荐系统在内容平台的价值我们可以归结为：提留存、提营收。

第二节⊙企业的挑战： 如何落地

一、真的需要智能推荐吗

笔者在公司接触过不少产品尚未设计完成便准备应用推荐系统，赶上智能推荐春风的创业者或者 PM，在上线之前笔者一般都会提醒客户思考一个问题：我的平台真的需要智能推荐吗？智能推荐服务的正常运转，不仅需要靠谱的算法工程师团队、数据准备、推荐方案准备、推荐优化等，还需要服务器硬件等集群准备，上线智能推荐这套服务是需要大量的人力、物力、财力的。只有我们搞清楚智能推荐"是什么""有什么用"之后，才能去讨论"怎么应用"的问题。

关于"是什么"的问题，在上面章节中分析过，推荐系统的本质是信息的分发，是信息与用户进行的有条件的匹配，其中连接了两个主体：信息与用户。那么，满足哪些特征的信息与用户适用推荐系统呢？

（1）具有一定的信息量。智能推荐实现了平台内长尾内容的挖掘，从技术层面上打破了"二八定律"和"马太效应"。如果平台内信息过少，通过分类查找的方式即可浏览所有内容，也就是不存在长尾内容，那么智能推荐在平台操作主路径的价值就比较少，但也并非全无用武之地。

（2）用户与信息尚未建立强关联关系。如果用户和信息已经建立了明确的规则性关联关系，通过规则的方式即可满足用户的信息需求，那么平台则不需要智能推荐。例如，药品电商场景中，为感冒的患者匹配的是固定的感冒药，不会因为用户曾经点击过健胃消食片就推荐用户治疗肠胃的药，用户的需求是非常明确的，与治疗感冒无关的药对于用户来说就是无效信息、干扰信息。另外，假设用户在使用微博时，已经与所有的用户建立了确定的朋友关系，那么向用户再进行朋友推荐也没有意义。智能推荐通过用户的历史行为数据预测用户新的行为，也就是根据以往的用户与信息的关系去推断未来的用户与信息的关系，而当用户与信息的关系是明确的、不需预测的时候，智能推荐自然也就没有了存在的意义。

（3）平台价值通过信息与用户建立关联体现。有很多平台的存在就是为用户提供工具，如文档编辑软件就是为用户编辑而生，其平台的价值是提升用户的生产效率，那么则不需要智能推荐。当然，在文档编辑软件的辅助路径上可能会用到推荐，笔者服务过一些设计素材和 Office 编辑软件商，用户有寻找相关素材的需求，则会应用文库、PPT、表格、图片等相似和个性化推荐，这些功能的价值也是为了帮助用户尽快与需要的信息建立关系。

（4）用户与信息产生持续的互动。有很多展示性企业网站，目的就是介绍公司业务、展示公司形象，用户大多只产生一次性的浏览，看完即走。平台在不需要考虑用户留存和黏性的情况下，也不需要根据用户的历史行为数据去预测用户新的行为时，不需要使用智能推荐。

一般来说，不符合上述四个条件的平台基本不需要智能推荐，在上线智能推荐之前，需要思考一下自身的平台是否符合。若是符合智能推荐的应用场景，也要考虑智能推荐在商业化场景下的投入产出比，而要搭建一套成熟的推荐系统对于创业型公司来说不是一件轻而易举的事情。由于智能推荐正处在风口上，所以上线智能推荐被很多公司上升到了战略层级。有了智能推荐能更好地拿融资、讲故事，为公司提供更多的"弹药"。同时，由于整个国内经济由增量市场发展成了存量市场，互联网公司的人口红利已经消失，迫使更多的公司更注重精细化运营，更注重服务好现有用户，提高现有用户的留存、黏性及开发出单个用户更多的商业价值，在时间红利的战场上有一席之地，那么上线智能推荐则是个不错的选择。既可以带来不错的存量数据指标，又可以在应用、优化智能推荐的过程中，培养团队逐步养成精细化运营的数据导向思维。

二、影响推荐系统效果的因素

在确定了自身平台满足使用智能推荐的条件之后，先不着急上线这套推荐系统，在应用之前应该做好充足的思想和心理准备，建立合理的预期，才能在系统使用过程中不断优化并形成内化于团队自身的方法论。本章我们将会着重分享一下应用智能推荐应该具备的思维模式，做好思想上的准备和组织架构方面的配合，才能更好地指导现实中的实践。

智能推荐对于互联网平台来说，并不是万能的，其只是数据化运营环节中的重要组成部分。而其他部分都间接影响了平台整体数据指标，直接影响了推荐系统的使用效果，只有重视这些影响推荐系统的关键因素，才能在应用推荐系统时找到优化方向，不会沦落到万事需要推荐系统来背锅的境地。

UI 和 UE、推广人群、数据、运营经验、算法，这五个关键因素在笔者看来是按重要性由小到大依次排列的。

1. 达到行业标准的 UI 和 UE

用户愿意长期使用的一款 App，必定是具备了作为一款合格

App 的基础，在这个"颜值即正义"的时代，即软件满足用户所需的正常的人机交互体验。先不要提你的内容有多好，你的算法有多棒，如果用户在你的平台操作不畅，使用不便，再加上你的界面落伍又丑陋，那么正常用户使用后不删除就已经不错了，就不要想着高黏性、高活跃度了，所以达到行业标准的 UI 和 UE 是基础。

2. 特定的推广人群

这几年移动互联网市场已经高度成熟，一款想"收割"所有人，满足所有用户群体需求的 App 已经不复存在，所以你的 App 的内容及功能一定是重度垂直某个领域、服务某个群体的。

如果你的 App 是一款女性高端时尚交流 App，不在高端女性聚集的渠道做推广，而是广撒网不分人群、不分渠道，那么可以预想到的是，绝大部分人不会下载，即使下载了也会即刻删除。

还有笔者服务过的客户里面，有客户拿着较为严肃的深度内容到服务趣头条这类网赚平台的推广渠道花大力气做推广，最终日留存率只有不到 9%。那么，这时候的首要任务就不是提留存率而是降流失率了！尽快确定目标群体及生产、获取这个群体所匹配的高质量内容，有了稳定的使用人群之后再谈智能推荐应用问题。

3. 数据

数据贯穿在推荐系统应用中，数据就是推荐系统的食材。若数据较少，那么巧妇也难为无米之炊。对于数据较少的情况，可以先观察应用内用户的生命周期，制订数据收集计划，达到合适的数据量再上线推荐系统。从理论上讲，数据量越大、数据维度越丰富，模型优化的效果越好。而实际场景中并不是这样，还需结合业务场景，具体问题具体分析。

4. 运营经验

运营经验即运营过程中总结的常识和通识，每个行业每个业务场景都可运用他人总结的经验作为指导，以实现业务目标。如新闻场景中，过了时效性的新闻就不适合再被推荐了；在电商场景中有利润款、引流款、应季款、过季款，诸如此类。在每个场景都可以总结出一些普遍的规律，而这些规律在推荐系统的应用过程中是必不可少的，不仅可以让推荐系统提升更多的指标，而且没有这些规律的干预，推荐系统根本无法正常运行。

5. 算法

算法，也是推荐系统的核心。不存在适用所有场景的推荐算法，只有根据不同业务场景搭配、优化的算法组合。当然，如果你的平台尚处于婴儿期，那么算法确实很难让平台有质的提升。而平台进入成熟期之后，算法的优劣将会带来指数级的变化。

上述五个关键因素都会直接地影响推荐效果，在平台的各个阶段每个因素的重要性会有所不同。因此，在资源没那么多、人手没那么足的情况下，要优先解决主要矛盾，抓大放小。

三、必须具备的思维

当我们知道了影响推荐系统效果的因素后，我们该用何种思维来面对系统效果的评估和优化呢？

1. 不确定性思维

首先我们要具备的是不确定性思维。

推荐系统与大部分 AI 系统一样，提供的都是概率性算法，都是提供更高概率的用户满意的推荐结果，这与传统的软件有本质区别。大多数传统软件的目标是给用户提供一套稳定的、符合具体功能预期的工具。

例如 CRM 系统，用户在选择时的要求很简单，就是看功能是否满足需求，看软件是否易用、是否稳定，至于使用 CRM 系统后的销售额能提升多少，跟这套系统基本没有什么关系。

例如 RPA 系统，机器人就是根据固定的规则完成指定性的工作，工作的结果只有成功与未成功两种，反馈给用户或使用者的都是确定性的结果。

推荐系统不仅是内容分发的通道，更是提高分发效率的工具，从指标提升的结果上看，分发效率提升多少是不确定的。因为其千人千面的特性，测试、运营人员很难检测所有用户的推荐结果，也不能复现每个用户的操作过程，更不能保证单个用户对推荐结果是否满意，所以推荐结果的满意度也是不确定的。

在推荐结果与效果不确定的前提下，就需要一个确定的目标来衡量推荐效果、引导推荐结果，因此需要我们具备目标性思维。

2. 目标性思维

所谓目标性思维即我们做的所有工作都是围绕目标进行的，其背后隐含的逻辑是所有的工作成果都是可以被量化的。既然推荐结果存在不确定性，那么用"推荐结果很准""推荐结果质量很高"这样比较玄学、比较虚无的概念是无法判断推荐系统的工作状态的。

因此，我们可以在每个业务场景上设置一个较为合理的目标，把 UI、UE、数据、算法、推荐策略等关键因素与业务场景的数据指标看作一个函数关系，这些关键因素是这个函数关系的自变量，而我们不断地调整、优化这些自变量使函数的输出值即业务场景数据指标达到我们确定的合理的目标。

当我们具备目标性思维时，所有跟推荐系统相关的动作均现出了原形，无论多么主观地强调现有推荐工作是多么完善、多么强大，我们只看最终的结果是否达到了目标，所以目标性思维即比较朴素的"不管黑猫白猫，能捉老鼠的就是好猫"的结果导向性思维。

笔者在服务很多客户的过程中，当客户提出"为什么会推荐这种内容给我""你们推荐的结果是否准确""你们的推荐系统能提升多少数据"这类问题时，笔者只能告诉客户的是，我们也无法确定为什么你会看到这种内容，无法确定所有用户会看到什么内容，更无法确定应用到你的业务场景会提升多少指标，我们建议制定一个合理的指标点，在有限的推荐系统试用周期内，通过算法策略调整、运营经验干预等优化方式与运营人员通力合作，一起努力让数据指标有上升性趋势的增长，用目标的确定来应对推荐结果的不确定。

当然，推荐结果有时会出现明显的不合乎情理、不符合常识的情况，艾克斯智能公司通过追踪用户的所有用户行为、推荐结果及推荐原因的方式，将推荐结果"白盒化"并展示在独立的管理后台，虽然无法做到统计学意义上的推荐结果的可解释性，但至少可以追踪单个用户。因此，我们可以通过随机抽样的方式，通过对用户行为结果及原因的追踪，分析样本结果的合理性，从而尽可能地从概率上提高整体用户的推荐效果。同时，结合管理后台的相应数据指标，如黏性、CTR 等，用明确的数据指标驱动推荐业务工作。

第三节 ⊙ 从上线到应用

当你确定了自身平台具备使用智能推荐的条件，团队内部也做好了相应的心理和思想准备后，下一步需要了解的便是推荐系统从上线到应用的过程。对于企业来说，上线推荐系统有两种方式：自主研发与借力第三方服务商。艾克斯智能公司推荐系统第三方的服务商，提供两种服务方式：本地化部署与 SaaS 服务。下面，笔者将分享一下这两种推荐系统上线的流程与不同。

一、自主研发推荐系统

自主研发，也就是企业依靠其内部研发人员开发具备商用性能系统的方式。一般的步骤是：需求分析—项目准备—系统研发—系统部署—数据采集—模型训练—AB Test 方式试点上线—效果调优—全量上线—数据跟踪与优化。如图 2 - 2 所示。

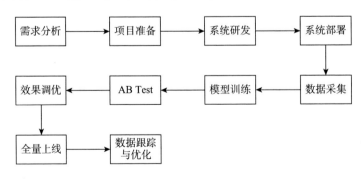

图 2 - 2　自主研发推荐系统上线流程

（1）需求分析即产品与运营部门从实际业务出发，通过对业务场景的梳理、推荐需求的梳理，确定明确的推荐系统使用意向。

（2）项目准备即根据产品运营部门的业务需求梳理和平台用户现状，确定项目团队、项目范围、评估硬件成本、周期、验证指标，形成项目计划。

（3）系统研发即根据已立项的推荐需求开发相应功能，并通过离线方式验证符合商用需求及满足性能。

（4）系统部署即将系统部署至已准备好的服务器，并开发能够控制推荐策略、监控推荐效果及方便运营人员干预的推荐系统后台。

（5）数据采集即针对用户行为进行埋点，定向收集用户行为数据，并上报至推荐系统。

（6）模型训练即根据上报的用户行为数据系统自动生成语义、用户协同等模型用于输出推荐结果。

（7）AB Test 方式试点上线即选定试点场景，评估推荐系统价值。

（8）效果调优即根据测试结果定向优化推荐功能、模型等，使推荐系统对于指标有较为显著的提升。

（9）全量上线即逐步将推荐系统应用到各业务场景中。

（10）数据跟踪与优化即运营人员持续跟进推荐效果，制定切实有效的运营策略并反馈至研发部门进行持续的迭代优化。

我们可以看到，通过自研的方式上线推荐系统共需 10 个步骤，每个步骤都需要投入不少的人力。成熟的算法团队（有推荐系统相关设计经验）从系统的研发、部署、模型训练至 AB Test 形式上线，保守估计需要 1 年的时间。而仅仅上线可能是远远不够的，因为实验室的产品跟商用的产品完全是两个概念。

商用产品需要持续地根据数据指标进行系统的评估、优化，可谓是一个大工程。一般而言，选择自主研发的企业客户往往具备一定的研发实力，具备一定的系统开发与互联网运营的人才储备与基因，如淘宝、拼多多、今日头条等。当然，其优点是可以基于业务场景深度定制算法，锻炼技术团队，有利于公司技术的积累。

二、借力第三方服务商

那么，采用第三方服务商会经历哪些过程呢？

我们先讲本地化部署模式，也就是第三方服务商将整套推荐系统部署于企业方服务器。需求分析自然必不可少。项目团队在第三方服务商的配合下确定好服务器等硬件，便可以直接进行系统部署。一般来说，成熟的第三方服务商的产品已不需要再进行现场开发，现有产品的推荐功能要求可以满足绝大部分客户及场景的需要，并具备较为完善的解决方案，只需要针对客户推荐需求的梳理将未包含部分进行定制开发即可。企业在系统上线的过程中需要参与的是：需求分析—项目准备（主要是服务器、配合人员和验证目标）—系统部署—数据采集—监控 AB Test 效果—数据跟踪与优化。如图 2 – 3 所示。

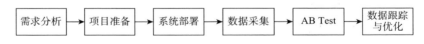

图 2 – 3　第三方本地化部署流程

从笔者服务客户的经验看，项目准备即从第三方服务商介入开始，大约 1 周时间可以完成系统部署并提供完善的推荐系统管理后台，2 ~ 3 周时间完成推荐功能的上线。所需团队配合大约只需要 1 名负责后端开发、需求确定及效果追踪的产品和运营人员即可。后续的推荐功能迭代与运营规则干预则通过企业方运营与服务方质控部门建立意见反馈渠道与数据评估机制，并定期形成优化方案反馈至服务方项目组研发人员，由服务方提供功能迭代和运维等服务。本地化部署方案的优势是数据沉淀在自身服务器上，规避了数据合规性问题，通过二次开发将系统与自身业务深度融合。从采购角度讲，则摊销了采购成本，公司融资有系统和技术性亮点。缺点是相对 SaaS 模式，需要自行承担服务器硬件成本，部署周期相对较长。

第三方服务商的 SaaS 模式相对前两者在时间和成本上则更具优势。所谓 SaaS 模式即部署方式在云端进行，企业方通过服务商提供 API 接口上报用户行为数据，所有数据的计算均在服务商服务器上运行，服务商将计算推荐结果返回至企业方服务器，服务商按需调用即可。其流程更简便，只涉及 API 接口的对接，从经验上看，基本上 2～3 天即可完成推荐功能的上线。SaaS 模式具备高可用、性价比高、接入简便等优点，但同时，当 SaaS 服务商不再提供推荐服务或者业务重心转变时，可能会影响企业业务的正常使用。

值得一提的是，成熟的第三方服务商一定具备通用的完善的算法模块供选择调用，并将推荐算法封装好服务化，企业方可根据业务场景在独立的管理后台进行傻瓜式（不涉及开发）的、灵活的算法策略配置、算法权重调整、推荐效果监控及推荐效果优化，并支持基于算法框架的二次开发，可将模型计算中间产物输出，让企业具备二次开发和定制优化的能力。在系统性能上要求易接入、高可用、易操作及高稳定性（有完备的保险机制）。如果第三方服务商仍需要对产品进行从 0～1 的研发，那么极有可能此第三方服务商也是不成熟的，不具备客户经验的积累和对算法性能的打磨。还是需要着重强调：推荐系统与 CRM 等确定性系统有本质的不同，没有大量实战经验积累的推荐系统具有极大的风险，实验室产品与商业产品的距离是 1 ~ 100 的距离。所以，在选择第三方服务商的时候，其推荐系统能否落地，是否具备各业务场景成熟方案及大量实战经验对系统性能的打磨，都是主要考虑因素。

三、三种方式的优劣比较

我们来总结一下，这三种方式的优劣比较，具体内容如下：

（1）自主研发。优点是可以根据自身场景定制开发推荐算法，缺点是研发周期较长，研发成本、人力成本、时间成本和试错成本都比较高，主营业务中不涉及大量算法应用需求和不具备系统开发经验的企业需慎重考虑。

（2）第三方本地化部署。优点是推荐方案比较成熟，数据沉淀在自身服务器上规避了数据合规性问题，并可对沉淀的数据进行二次开发应用，成本远低于自主研发。缺点是需自行承担服务器成本，成本略高于 SaaS 模式。

（3）第三方 SaaS 模式，优点是接入简便、迅速，API 接口形式调用灵活方便，性价比相较前两者处于最高的位置，能够按需付费使用。缺点是如果第三方服务商不再提供推荐服务或者业务转型，企业将面临一定的业务风险。

通过对比我们可以发现两种上线方式、三种部署形式各有优劣，自主研发适合具备人力、物力、财力并且能够进行系统开发的公司，本地化部署适合主营业务不在算法层面，但具备一定实力和对数据合规性有一定要求的公司。SaaS 模式的低成本、易接入的特点则满足了绝大部分中小型企业的需求。

　　本节我们分析了推荐系统从上线到应用的全部过程，也分析了三种部署形式的优劣与适用对象，企业可根据自身现状选择最合适自己的推荐系统部署与上线方式。

第四节 ⊙ 好的推荐与推荐的好

很多平台在推荐系统立项时，都会面临领导的"致命三连问""我知道现在都在使用智能推荐，可智能推荐到底能给我们的业务带来哪些指标提升""这些指标是通过什么方式验证的""指标提升多少是合理值"，如果前期没有对推荐系统做过功课，这些问题还真不好回答。推荐系统的验证方式与其他数据类产品比较类似，有三种比较通用的验证方式：离线验证、在线验证、用户调查。

下面，我们分别介绍三种验证方式在商业环境中的优缺点。

一、离线验证

所谓离线验证就是通过日志系统获得用户行为数据，并按照一定格式生成一个标准的数据集，将数据集按照一定的规则分成训练集和测试集，在训练集上训练用户兴趣模型，在测试集上进行预测，并评测算法在测试集上的预测结果，是否完成了预定的离线数据指标。离线验证的特点是它不需要接入真实的用户行为数据，只需要将日志中的数据集上报系统即可，推荐系统返回的推荐结果均是基于静态数据集计算完成的。

它的优点是不需要用户真正参与实践，并且可以短时间内测试大量算法，不会对生产环境的真正运营产生任何干扰，所以看起来是合理且成本代价较小的验证方式。但在商业环境非实验室环境下，离线实验很难得出具备科学性和令人信服的结果。因为数据集的稀疏性限制了适用范围，例如一个数据集中没有包含某用户的历史行为，则无法评价对该用户的推荐结果。

静态的数据集并不能反映真实的用户行为，因为用户本身的需求及平台内容可能已经发生了转移，时间范围越长的数据集反倒可能成为干扰。当上报数据集时，一个参数上报错误，那么这个数据集就已经不可使用了，需要清洗才能使用，所以这就对数据集及开发人员的要求特别高。另外，离线验证、离线属性注定了用户行为反馈算法、用户协同过滤算法等一系列基于用户反馈及用户关系的算法无法正常运转，无法得到用户主观性的评价，自然也就谈不上实验结果的客观性。

从笔者服务客户的经历来看，有相当多的平台在上线前准备了比较"完美"的离线验证方案，这里以一家国内知名学习机品牌和奢侈品电商平台为例。学习机品牌的推荐场景是推荐课程及与错题相关的评测与知识点，验证方式是根据离线数据计算的结果与现有结果的 CTR 做对比。如果计算结果的排序与现有各结果的 CTR 排序较为一致，说明离线的计算结果比较"准确"。当笔者描述完对方的离线验证规则后，聪明的读者肯定会从其中察觉到了有点不太对的地方。对方在规则中隐含了两个假设，其中一个比较明显的假设是：目前结果的展示顺序是最合理、数据效果最佳的。还有一个是与真实用户操作环境相悖的假设：所有的候选结果用户均能以同样、公平的展示顺序被用户察觉并且选择。而很显然的是，这两个假设都是无法成立的。如果现有展示结果的顺序是最佳的，那么也就不需要智能推荐了；如果用户可以看到所有候选结果，那么此场景的候选结果数量更不足以支撑使用智能推荐了。

另一个电商平台的离线验证方式与之类似，其现有数据状况是 SKU 较少，仅有 30W 左右，月动销 1.8% 左右，商品购买集中在自身平台定义的爆款和主推款上，通过离线方式计算的推荐结果顺序是否符合现有的单品销售榜单。显而易见的是，这又是个"先有鸡还是先有蛋"的问题，是用户在主操作路径看不到其他商品，还是这些商品就是能满足所有用户的喜欢和需求？

当然，离线验证在某些特定场景下是能发挥作用的，像上述教育场景里根据试题推荐知识点，那么离线的方式可以验证所推荐结果的准确性，将所推荐的知识点与原本试题所对应的知识点一一对应比较即可。但离线验证是无法真正地验证推荐结果与点击率、转化率、转化路径、购买客单价、购买商品类别等在线用户真实反馈的关联的。

二、在线验证

在线验证一般情况下单指 AB Test 方式上线进行测试，也就是将用户按照一定规则随机地切分成对照组和测试组，对照组和测试组分别通过未使用算法与使用算法比较，使用不同算法之间的比较，然后统计不同组的评测指标。它支持多个方案并行进行测试，但需要确保每次测试只有单一变量，并且根据所规定的指标优胜劣汰，比较特定场景下的最优方案。这个方案包括推荐算法和推荐策略，这两者是 AB Test 中的变量。

AB Test 的优点是可以在商业环境中验证不同方案的实际运营指标，但 AB Test 所需周期较长，尤其是大型平台，一般需要测试一个较为完整的、用户自然波动的周期。从我们服务客户的经验看，AB Test 基本是客户衡量智能推荐能否带来指标提升最直观也是最常用的方式，甚至 AB Test 会变成算法策略调整、优化的常态化的手段。通过 AB Test，可以以未使用智能推荐用户作为对照组，观察用户未使用推荐时的数据表现，观察 Plan B 即测试组得出初步的使用推荐提升指标的结论及预期底线，使评估推荐系统效果有据可依。

那么，智能推荐在商业环境的 AB Test 中评估效果的通用数据指标有哪些呢？

1. 黏性

黏性即用户活跃度，考察的是用户访问的参与度，一般对用户的每次访问取平均值，可将"平均停留时间""平均访问页面数"等用来衡量用户活跃的指标。

在推荐场景的计算公式是：**黏性 = 用户行为总数 ÷ 用户数**。

推荐系统通过计算用户的行为数据预测用户最有可能会发生操作行为的结果。在大部分场景下，推荐系统预测的结果越准确，用户发生在平台上的行为越多，说明平台用户越活跃。

举个例子，用户越满意短视频平台上的推荐结果，那么用户将会发生越多的播放、点赞、分享行为，以及浏览时间会更长。用户对平台内容满意度越高，留在平台中成为活跃用户的意愿更强，从而平台具备更大的商业价值。通过 AB Test 比较方案之间用户黏性的大小可以判断哪种方案会带来更多的用户黏性。

但是，在很多场景下黏性并非能代表用户的满意程度，还需要结合其他数据一起判断。

例如，车载智能推荐系统中，如果用户的黏性越低，即用户行为数越少，与屏幕的手动交互越少，使用时长越长，则说明用户更少地手动挑选娱乐信息，而是满意当前车载系统推荐的信息，类似场景还有 B2B 类电商场景。在 B2B 类电商场景中，黏性越高即用户行为总数（用户的点击、收藏、加购或询单等）越多代表了两个可能：用户对平台使用深度增加、用户决策成本增加。

因此，在重视黏性指标的基础上，还应观察平台的总订单转化率（总下单数/日活跃用户数），黏性和订单转化率综合评估才能反映出智能推荐对平台的真实影响。黏性作为重要的判断推荐系统性能的指标，还需结合具体应用场景和场景指标综合判断其对业务的影响。

2. 推荐结果满意度

这是反映推荐系统预测能力的重要标准。在接触很多客户的过程中，笔者经常被问及的问题是"你们的推荐是否精准"，对于推荐系统的性能我们从来不用精准与否来衡量。之所以用"满意度"而非"准确度"，是因为精准的标准难以用量化指标衡量。什么样的推荐结果算是精准呢？什么样的精准结果能满足复杂的人性和需求呢？

我们只能用一部分量化指标反映用户对推荐结果的满意程度。根据预测指标的不同可以分为两种方式：**Top N 推荐和预测评分（权重）**。

（1）Top N 推荐即推荐给用户个性化推荐列表后，用户所发生的 CTR（点击通过率），点击率越高说明推荐结果越符合用户的兴趣和需求，用户对推荐结果的认可度越高。值得一提的是，在瀑布流推荐列表这个场景下，CTR 的计算方式与计算广告有些许不同。**CTR 统计是无法反映瀑布流场景下用户的真实兴趣度。**

举例：每次取 10 个商品的情况下，一个用户取了 2 次，点了 2 个商品，CTR 为 10%；一个用户取了 5 次，点了 4 个商品，CTR 为 8%。显而易见的是，用户点了 4 个商品的情况会产生更大的商业价值，但反映在 CTR 指标上却少于前者。就好像在线下实体超市里，我们假定顾客平均拿起 3 个东西就会买 1 个：有一个顾客转了 2 圈拿起 2 个面包看了看；另一个顾客转了 5 圈拿起 4 个面包看一看，并最终产生了购买行为。但从 CTR 指标来看后者是低于前者的，却实实在在发生了交易。

所以 CTR 指标隐含的假设条件是用户翻页数是指定的，而这在真实的业务场景下不会发生。推荐系统的另一个重要作用就是不断地吸引用户看更多内容，延长用户的停留时间。翻页数（结果数）不仅不应当作为限定条件，而是应该成为主要提升的指标。因此，在瀑布流等用户浏览内容页数不固定的场景下，CTR 无法反映推荐系统的实际能力，过度重视这个指标会对业务优化方向产生偏差。

（2）而预测评分（权重）往往发生在离线环境中用户对某些内容的评价预测。例如推荐结果是以权重分值排序的方式返回至服务器，预测一个用户对哪些电影的评分会是多少，那么直接参考推荐结果的权重分值即可。

3. 用户留存率

用户留存率即用户在某段时间内开始使用该应用，经过一段时间后，仍然继续使用该应用的用户占当时新增用户的比例。用户留存率能够衡量用户增长的效率和结果，体现了应用的质量和留住用户的能力，也从一定程度上反映了推荐内容与用户需求的匹配程度。一般来说，用户留存率的指标包括次日留存率、3日留存率、7日留存率、15日留存率和30日留存率。不同的留存率数据指标，在推荐场景下所代表的数据意义有所不同，具体如下：

（1）产品的次日留存率，可以反映推荐系统冷启动推荐结果对用户吸引力的强弱。

（2）3日留存率，可以观察推荐系统的黏性，以便调整算法策略、优化推荐模型。

（3）7日留存率，可以反映用户完成一个完整体验周期后的去留情况，是检验推荐系统对用户忠诚度影响的指标。

4. 覆盖率

覆盖率即推荐出的物料所占数据库物料的比重，是反映推荐系统挖掘长尾内容的重要标准。在不同的业务目标下，覆盖率的高低会有不同的价值。例如在 PGC 场景中，覆盖率越高说明每个专业内容都有很大概率被曝光出来，那么从每个内容生产者的角度来说才算比较公平。而在电商场景数以千万的 SKU 中，并不是越多的商品被曝光出来，买家和卖家就越受益，这些商品中可能很多是无效商品或者是低质量无人问津的商品，本身并不太受买家的欢迎。

覆盖率的指标，并不是越高越好，所以在推荐系统 AB Test 过程中，为了商业价值的最大化，会逐渐找到一个最佳收益的覆盖率平衡点。推荐系统在分发时，对内容并不是完全公平，公平和效率从来都是一对孪生子。

5. 多样性

多样性即推荐列表能够覆盖用户不同的兴趣。从推荐结果看则是，推荐结果之间不具备相似性。在艾克斯智能公司的推荐系统中，不同推荐引擎会产生基于各自算法的推荐结果，对相似内容有严格的频控机制，且会在推荐结果中穿插最新、最热等内容满足推荐列表的多样性，不至于让用户陷入"信息茧房"中。多样性的指标和覆盖率指标的相同点是，两者都不是指标越高越好，而是根据业务目标调试到最有利于业务场景的平衡点。

6. 实时性

一个能实时反映用户行为、捕捉用户兴趣的推荐系统至关重要。实时性包含两层含义：推荐结果实时更新和最新内容实时进入模型。

其实，说"实时性"有点夸大了推荐系统的性能，因为推荐系统的实时性往往以秒、分钟计算，或许说秒级、分钟级的形容词又会让很多用户感到不"智能"，所以产业界容易将不怎么实时的推荐系统描述为"实时性"。

一般来说，融入用户最新行为的推荐结果的计算周期在 30～90s 之内，也就是用户浏览完一份内容的大致时间。时间太短意义不大，且太短的计算周期意味着召回内容较少，推荐结果并不一定能真实反映用户兴趣。（召回内容多，也可以用增加计算资源解决）时间太长，则不利于满足用户兴趣，导致用户流失。最新内容实时进入模型，即新发布（新上架）的内容能够在短时间内被推荐系统推荐，这个周期一般反映了系统遍历用户行为与内容库的时间，计算量巨大，时间大多控制在几十分钟甚至几小时内。

以上为 AB Test 中会用到的较为具有普遍验证意义的数据指标。之所以没有提到系统的鲁棒性，是因为鲁棒性是任何系统的基础，且每个平台都应有 Plan B 方案或者保险机制，即系统无法正常运营时的备用方案，从而不影响平台的正常运营和用户的正常使用。当然，我们上线推荐系统时，可能无法兼顾如此多元的指标，但所有评测指标的制定、选用都应紧紧围绕业务场景和业务目标，任何不以提高平台商业价值为目的的指标都是伪指标，都不具备任何评测价值。

三、用户调查

用户调查即调查一些真实用户的用户行为及其反馈，得到用户体验智能推荐的主观性感受。用户调查可以从以下两个维度进行：

（1）抽检用户的用户行为及推荐结果，运营人员主观判断效果。

（2）依赖真实用户的问卷反馈。

维度 1 涉及推荐系统无法测试效果的问题，测试人员本身数量有限，且因为"千人千面"，测试人员无法通过自己的测试结果而得知其他用户的推荐结果及其使用体验，因此在艾克斯智能公司的推荐系统上，开放了查看所有用户行为、查看所有物料、查看所有用户推荐结果及推荐原因的功能，测试人员通过抽检的方式得到有统计意义的推荐效果判断。

综上所述，在商业场景智能推荐评测中，主要以 AB Test 作为主要的测试方式，以用户黏性、推荐结果满意度等指标结合所在业务场景和业务目标制定合理的指标考核方式，并综合用户调查的结果与数据走向，进一步提出推荐优化方案。推荐系统的优化是一个伴随着各业务场景不断 AB Test 寻找最优方案的螺旋式上升的过程。在此过程中，平台的运营人员应凭借自己的经验发挥主观能动性，主动从业务层面提出满足用户需求的推荐策略，使推荐系统的评测与优化不仅着眼于技术层面，而应更多地落地在业务场景，实现业务目标的最大化。

第五节 ⊙ 推荐系统上线过程中的错误观念

市面上关于推荐算法的理论多如牛毛，但绝大多数都是站在纯技术、纯算法的角度进行阐述与总结的。影响推荐业务指标的因素有很多，不仅有技术，还有数据质量、硬件资源等，当然还包括赋予推荐系统灵魂的算法工程师。算法工程师对推荐系统的理解、对推荐系统与业务场景价值的理解程度，以及算法工程师本人所具有的商业意识及商业敏感度都在一定程度上影响了推荐系统对业务目标的达成程度，甚至在某种意义上超越了技术因素所带来的影响。

由于国内的算法工程师大多是来自计算机、统计、数学等专业领域的人才，对于很多的业务场景和背景（如果不是有意识地学习）并不是十分了解；或者过分聚焦机器学习、深度学习技术层面而忽视了业务领域的相关知识和技能，导致一定程度的技术与商业落地的脱节，削弱了本身算法所带来的商业价值。而笔者一直认为人不分高低贵贱，技术也是如此；每个员工的工作为的是企业商业价值的实现，技术同样也是如此。因此，笔者总结几点经常遇到的在推荐系统建模时的错误观念，供各位读者做深入的探讨。

一、技术尖端论

"技术尖端论"是算法工程师，尤其是年轻的刚接触数据建模、机器学习的算法工程师里比较有代表性的一种错误观念和思想。持有这种观念的算法工程师，会过分追求所谓尖端的、高级的、时髦的、炫技的、显示自己技术水准的机器学习、深度学习算法，认为算法越高级越好，越尖端越厉害。在推荐系统上线实践的过程中，持"技术尖端论"的算法工程师首先想到的是选择一个最尖端、最高级的算法模型去解决，而不是从项目本身的真实需求出发去思考最合理、最有性价比的分析技术。

具体表现有谈及推荐系统的召回和排序模型，言必及Wide&Deep、DeepFM、GCN、GAN 等，而从实际应用效果来说，在大规模商业化场景下，想把深度推荐模型高性价比地发挥好作用其实并不容易，很多模型从理论上来说确实可以达到好的效果，但没有现实实现的条件。

任何一个推荐系统的项目，至少都会有两种及以上可以用不同模型实现的思路。不同的模型、算法、技术，同理也需要不同的计算资源的投入，还需要不同的业务资源的配合，而产出的推荐结果也有可能是不同的部门需要，不同的业务指标考核。这其中孰优孰劣，根据什么做判断呢？这是根据项目本身的场景、目标、资源限制（包括计算资源投入、时间资源、业务配合资源和平行扩展资源）等来做判断，而不是根据算法是否先进、高级来判断。不同的算法模型的出发点，决定了项目的资源投入和业务需求满足的匹配程度，一味地选择尖端的、高级的算法和模型很可能会造成项目资源投入的浪费，并且很可能不是最适合业务需求的方案。我们在生活中的体验和感受同样也适用推荐系统场景中模型和技术路线的选择。

举一个例子来说明，如某在线产品刚上线没有几个月，用户数、物料数都比较少，用户行为特征非常稀疏，现在算法团队的目标是上线推荐系统尽可能地提升平台的点击率和用户黏性。在这个简单场景下，算法团队选择了深度学习 CTR 预估模型，这个时候整个团队都会被拖入坑中。

CTR 预估模型需要用到之前的历史数据用来生成模型，而之前的历史数据的 CTR 用户特征都来源一个假设：所有的物料都以相同的机会曝光在每一个用户的面前。在这种情况下，所提供的样本量越少，训练出来的模型偏差会越大，而且较为稀疏的用户行为特征在实际场景中很难表现用户真实的兴趣，所以这套模型上线后优化得越好用，离业务目标的偏离就会越大。因为此时此情此景，还没有达到该使用此模型的时机。

追求技术的进步和发现优秀的技术本身并没有错，但是一味强调技术的先进性，忘记了业务场景目标对项目的决定性影响，实际上是舍本逐末、本末倒置，其实践的后果通常是浪费了计算资源，浪费了时间时机，错过了有性价比的方案，无法与真实的业务需求进行有效的对接。我们不提倡业务领导技术，但技术一定要以商业目标的实现为第一要义。建议业务部门能与算法部门形成有效的沟通机制，从而不断地打磨出一条兼具技术与业务的技术路线。

二、机器万能论

"机器万能论"主要存在于算法建模过程中，认为机器可以最大限度地甚至几乎可以完全代替算法工程师和运营人员的手工劳动。即使在很多关键的需要人工接入的步骤和节点，仍然全权交由机器去处理，盲目地、过分地依赖模型的自学习能力。其中，非常典型的表现是针对用户行为权重的调整完全交由机器来决定，不加任何处理就交给机器去完成行为权重的自动调参，然后交给领导，显示这套推荐系统是完全人工智能的，不需要任何人干预的。

"机器万能论"背后的原因在于算法工程师对于机器学习、推荐系统技术的掌握并不充分、浅尝辄止。对于业务场景中实际发生的用户表现并没有进行深刻的理解。

举例说明，某电商 App 在活动推广期间，通过分享拼单的形式可以获得较大的优惠，从而获得下单。这个时候所有的优惠政策指向的都是分享行为，自然分享行为在活动期间获得大量的增长，如果机器自动来调参，那么分享行为的权重会相当高。

而当活动结束时，如果分享行为依然拥有极高的权重值，那么用户平时的浏览、收藏行为的权重相对而言就会降低许多，虽然用户浏览、收藏了许多商品，但用户在刷新时没有相关联的商品推荐出来，而推荐结果依然是之前的分享行为特征所推荐的商品，这个时候"智能推荐"就突然变得不那么智能了，而整个系统的行为权重值想要回归平衡、反映真实用户兴趣度的层面，则需要以长时间地积累和大量用户的丢失作为代价。

我们认为在建模和权重调整的过程中，纵然没有绝对客观的经验能指导参数值，但人工的干预和调整是必不可少的，而完全交由机器做决定，是万万不可取的。因此，算法工程师建模调参的工作不是简单地代替更多的运营人员，而是真实地理解业务场景，为业务场景提供更多的商业价值。

三、轻视业务论

"轻视业务论"最常见的两种类型是算法工程师瞧不起业务部门的工作，或者是不懂业务部门的业务逻辑、商业逻辑，完全以技术视角来看待推荐系统，看待问题存在局限性。

举例说明：在资讯类 App 中，当新冠肺炎资讯出现时，如果一个用户只喜欢看美女，跟医学相关的内容之前从来没有看过，所以当新冠肺炎的相关资讯出来的时候，根据语义模型，这个用户是看不到新冠肺炎内容的。而同时，这个用户的近邻群体的行为与此用户高度相似，这类群体对于医学相关的内容也看得很少，所以他们的行为里面也没有关于新冠肺炎的内容，那么新冠肺炎这篇文章根据语义和用户协同会推荐给此用户的概率就很低了。

而这个用户代表了一类群体，那么这个用户该怎样才能看到新冠肺炎的资讯呢？这样的推荐逻辑忽视了新内容、热点内容的推荐，需要再引入新的模型以解决问题。

从理论上讲，这种情况是完全存在的，但问题是此例中是非常极端的用户群体，这个用户群体可能在整体用户的比例中只占1%，也就是说，我们还需要花大力气去解决 1% 的用户的问题，况且模型上线后还不知效果是否比之前的好，是不是能解决当前问题。简而言之，做事情不抓主要矛盾。

而推荐系统的本职工作是服务业务需求，解决业务需求中最重要的部分。如果脱离了主要的业务需求，只满足次要需求，那就是得不偿失，捡了芝麻丢了西瓜。其实，从道理上看通俗易懂也很简单直白，生活中的常识亦可以运用在技术工作中。

综上所述，列举了"技术尖端论""机器万能论""轻视业务论"三个错误的观点，算法工程师在上线推荐系统时，选择模型和技术路线要以能否最合适、最精巧地满足业务目标为前提，因此算法工程师也需要具备一定的商业素养和商业敏感度，毕竟人才是推荐系统的灵魂。

第三章

指尖上的新媒体
——智能推荐在资讯场景的应用

第一节 ⊙ 内容与人的连接者

正如你所感受到的，我们所处的环境、世界无时无刻不在发生着变化，产生着海量信息，而这些信息或被有意无意地忽视了，或从你的大脑一闪而过，也或许紧紧地抓住了你的注意力。那些能满足我们需求的信息才会被我们重视，才会引起我们的兴趣。

在数据化时代，每个人都拥有两副躯体：物理躯体和数字躯体。当你走到推荐系统镜子面前的时候，你惊讶地发现数字躯体里充斥着不断闪烁变化的数字：历史 15%、商业 10%、艺术 6%……虽然看起来像科幻一样的场景，却真真实实地影响着每个人收集和获取信息。

当走进推荐系统图书馆时，你不必再像往常一样分门别类地找寻你要看的书。在刚踏入图书馆时，你会发现《万历十五年》《经营之神》*Prints and Drawings*……都展现在你的眼前。你在惊讶为何图书馆会了解你的所思所想的时候，图书管理员走过来说道："小艾同学，你好。我了解到最近你的朋友们都在读《变局》，你要不要也阅读一下？"这个线下书店可能会发生的场景，现在实实在在地发生在你所使用的图书软件、资讯软件中……

那么，是什么将你与这些信息连接起来的呢？——推荐系统。

"这是最好的时代，这是最坏的时代"，可能是这几年内容创业者内心最纠结的写照。

移动互联网的发展，内容分发越来越"去中心化"，用户对内容的选择不再固执"权威性"，而是根据自身需求，自发地寻找、选择那些能提供优质内容的分发平台。而对于内容创业者来说，技术门槛不断降低，市场环境趋于成熟，凭借"草台班子"即可建立内容分发平台，完成对内容的采集、撰写、分发等全过程。大量细分的颗粒的用户需求等着内容创业者去填补。

正是因为内容创业者如雨后春笋般地发展，内容创造者的门槛不断降低，随之而来的是信息荷载和用户的选择焦虑。在用户增长红利消失的背景下，"国民总时间"概念的提出正式揭开了这场针对用户注意力的争夺战。用户在哪个分发平台停留的时间长，哪个平台就是赢家。结果简单粗暴，战争你死我活。

想打赢这场战争，最基础、最根本的是要想明白，内容的本质是什么。

从五千年的石窟壁画到如今的影音视频，只是内容的模样变了，承载的意义却没变。人们通过科学手段探索物理世界，通过内容探索人的心理世界。人们之所以需要获取内容，为的是解决人心的焦虑。因为知识的焦虑，所以学习课程；因为快乐匮乏的焦虑，所以观看喜剧。在某些喜剧所呈现的荒诞和解构中，找到内心的共鸣，释放焦虑，内容便完成它的使命。

内容的使命是解决人的焦虑，对于内容创业者来说，能否在正确的时间将合适的内容展现给恰巧需要的用户，就成了内容分发平台的命门。内容分发的底层逻辑是，人们在某个时间段真正所需要的才是有价值的。

传统的内容分发无非是依靠两种方式：**编辑分发和社交分发**。

所谓编辑分发，就是依靠编辑的经验挑选自以为对人们有价值的内容进行推荐，这在人们选择比较少的年代是成功的，例如以央视为代表的传统媒介机构。其弊端也显而易见，无法满足人的个性化需求，所传播的内容往往因为机构利益有一定的指向性。最大的悖论是，凭编辑有限的经验如何能够判断人们需要这些内容呢？

主要在社交平台上进行内容分发的社交分发倒也是新鲜事物。以微信朋友圈、微博为例，你看到的内容都是朋友们帮你二次筛选过的。假设你的朋友圈都是跟你品位完全一样的人，那这种方式是个不错的选择，然而现实是，我们的朋友圈里什么品位的朋友都有。不仅如此，对于内容的价值来说，其包括分享价值和阅读价值。所谓分享价值，是你的朋友并未阅读他分享的内容，只是认为别人见了这篇文章会喜欢，对建立外在形象、突出品位等有作用，而真正阅读的内容或许压根就不会分享出来。因此，社交分享这条路还需要内容创业者不断探索。

为了追求更有效率、体验更友善的分发方式，智能推荐登上了舞台。

智能推荐通过分析数据，有针对性地向用户推荐他感兴趣的内容。因为每个人体现的数据特征不同，所以接收的内容也不同。这样既避免了那些优质的内容由于不具备分享属性而不被人们所知的情形，也解决了传统编辑依靠自身有限经验所推荐内容的不精准的问题。

智能推荐所分发的是用户行为上表现的感兴趣且符合数据特征的内容，也就是用户"嘴上说着不要，身体却很诚实"的内容。如果说，社交分发解决的是用户"嘴上说"的内容，那智能推荐解决的就是用户"身体诚实"的内容。这也是目前 AI 给内容创业者所提供的争夺用户注意力比较落地的工具之一。

第二节 ⊙ 小屏幕大价值

移动互联网时代，大量碎片化时间通过手机终端得以被利用，使用移动内容类 App 获取资讯已经成为人们日常生活中不可分割的一部分。虽然用户的阅读时间是极其碎片化的，地铁上、床上、洗手间都可能成为用户阅读的场所，用户阅读所花费的时间在某种程度上却是一定并且有限的。当你仔细调查后会发现：碎片化的阅读其实存在一定的规律，用户总是会在那几个特定的时间段拥有大量的获取内容的需求。

用户是一个点，而传统内容平台是一个面。如果内容运营者不清楚此时用户的需求，只将海量的内容按照时间流顺序向用户展示，让用户在海量的信息流中找内容，最终用户能否在短时间内找到需要的内容，就变成一个运气问题。

受限于手机屏幕的大小，内容平台只能展示一部分内容给用户，大量的优质内容得不到曝光，遇到"马太效应"。而这些内容中的大部分，对于某个单一用户是无价值的，用户需要不断地通过搜索、查找分类、下滑等行为才可能找到感兴趣的内容，而寻找的过程就会造成用户的流失。

在"未被浏览的内容是无价值的内容"的共识下，平台耗费巨大成本生产的 PGC 内容抑或鼓励用户生产的 UGC 内容由于低效的内容分发方式，无法送达至需要的用户，对于平台方来说，其内容的价值远远没有最大化。

智能推荐目前尚处于蓬勃发展阶段，在笔者看来，智能推荐会成为像搜索引擎一样的标配产品，所以各大内容平台纷纷布局智能推荐来抓住这一轮新的信息获取入口。

对于新兴事物，人们往往少不了质疑与抵触。在智能推荐诞生伊始，便遭受了不少非议，主要集中在：算法的价值观、内容茧房、内容低质和媒体人员工作的替代上。

在笔者看来，现阶段 AI 的发展尚不能全面替代人的工作，由于技术及人的变量的问题，机器再智能，也不过是辅助人完成生产的工具，人的创造性价值是无可替代的。

所以，我们需要分别去分析机器和人的特点。

对于机器而言，可以更好地依托数据和算法对人的行为、兴趣、场景等特征进行挖掘，完成对长尾兴趣人群的识别和内容匹配。而对于社会局势的判断、社会事件的变化及社会的价值观则都需要人来拿捏和完成。可以说，机器依然是在辅助人完成特定的生产活动，两者是合作和补位的关系。

所以面对智能推荐的标配化，媒体人应重新审视和正视自己的价值，可以质疑，但更要有开放的心态去接受和适应智能推荐这个新兴事物。

在智能推荐分发的环境下，媒体人员肯定不是简单使用 cms 去上传和管理内容，而是有机地将智能推荐系统的日常运营与内容管理平台相结合，将智能推荐系统作为有力的运营工具。

媒体有独立的价值观，有深度挖掘社会事件、现象的能力，有长久积累的口碑和品牌，有与粉丝们互动形成的亲密感和连接感，而机器显然是做不到的。因此，媒体人员运营的重心也要从事无巨细的内容分发向媒体更该有的生产内容和建立社会沟通纽带的属性上回归。

对于用户来说，不在乎是编辑推荐还是机器推荐，用户在乎的是我看到的内容是否优质，是不是我所需要的。因此，编辑做好精华的头部资讯，制定好智能推荐分发的策略与目的，完成价值观的引导；而机器则做好长尾内容和大流量内容的分发，两者取长补短，这样才能兼顾现实和理想。

总之，智能推荐的标配化，更多的是让媒体回归到人的属性，将人从反复琐碎的工作中解放出来，集中精力去做对优质内容的挖掘、原创、品牌和互动工作。毕竟，这个时代思想才是最稀缺的东西。

第三节⊙指尖上的诚实

　　智能推荐所实现的个性化体验，早在门户网站时代即有了雏形——RSS 订阅，号称当时阅读界的革命。由于每个人的订阅源不同，所以看到的内容也不同。但最终 RSS 订阅模式还是死掉了，原因是使用订阅工具获得个性化体验的前提是会使用订阅工具，并找到感兴趣的作者，而本身筛选作者的过程就已消耗了用户大量的精力和一定的认知门槛。所以，RSS 订阅模式始终局限在小部分精英群体，认可度一般，用户量很少，但给智能推荐提供了个性化的思路。

　　随着移动互联网的发展，海量的 App 发行，男女老少全体触网，现金裂变的拉新方式，中国的移动互联网用户早已养成了"刁钻"的使用习惯。有数据研究表明，如果用户在 9 秒之内没有感受到 App 良好的体验及需求的满足，那么用户就会毫不犹豫地退出界面并完成卸载。

　　对于用户而言，尽快地找到自己想要的内容，满足即时需求，用户所花的阅读时间的每分每秒都是有效的，这样用户才愿意将更多的时间交付给平台。用户的碎片化时间不是花在这个 App 上就是花在另一个 App 上，所以使用智能推荐的平台更多的是在帮助用户减少获取信息的成本，是帮助用户节省时间而不是消磨时间。

　　由于人的局限性，人对自身兴趣、需求的了解都是有限的且不自知的。没有看到、没有接触的内容不代表用户不感兴趣、不接受。就以阅读图书为例，日常笔者很喜欢思辨类图书，依赖笔者日常的浏览惯性，笔者会更多地看一些思考方法训练类书籍。而当笔者有一天不小心打开了东野圭吾的书后，惊奇地发现，原来小说也可以有这么强的逻辑性！

早期的计算机能力有限，可获取的用户数据也有限。随着互联网的高速发展，尤其是搜索引擎及各类 App 如雨后春笋般地出现，计算机算力大幅度提升，用户数据不断丰富，用户行为数据的收集也不再是难事，依托大数据的用户行为分析系统，不仅可以分析某个用户的行为特征，更能识别用户群体的行为特征。因此，你自己不知道的兴趣爱好，推荐系统依赖大数据的计算可以给你实时反馈一个高概率的结果。例如，常用在推荐系统领域的基于用户的协同过滤算法，通过两两用户之间行为语义的矩阵计算，就能够实时发现与你最相似用户群体的共同特征，并且能将用户群体所共同感兴趣的内容推荐给你，从而让你发现自己不自知的兴趣爱好。

同时，推荐系统对个人用户兴趣捕捉的粒度也比人脑要细得多。笔者是一个历史爱好者，喜欢读《明朝那些事儿》《万历十五年》，但笔者并不喜欢读《资治通鉴》这种严肃难懂的历史书籍。对于笔者自己的认知，笔者依然认可自己是历史的爱好者。但是在推荐系统的数据里，你的特征可不仅仅是一位历史爱好者，而是一位喜欢阅读通俗历史读物的爱好者。用户在推荐系统中发生的行为越多，那么记录在推荐系统里用户的形象就会越丰富越立体。每个人都不是简单标签可以概括的，而是一个丰富、立体甚至难以言喻的形象。

总之，用户与推荐系统的关系，是相辅相成的。请用户尽情地浏览、点赞、收藏……毫无保留地表现兴趣、喜怒哀乐。

对于用户而言，每一次的行为反馈都在不断完善着自己的数字躯体，都在决定着内容是得以扩散还是被系统纠偏。每篇内容都在随着你的行为不断变化着数值的权重，而作为你积极反馈行为的回报，推荐系统会将最适合你的内容推荐给你。

第四节⊙楚门的世界

智能推荐的本质是内容的分发，而分发又是资讯服务链条上的关键一环，于是针对智能推荐便有了公平与效率的讨论。

反对智能推荐的拥趸们的一个核心观点是：推荐会让用户的观看范围越看越窄，进入信息茧房。这也是笔者与不甚了解智能推荐的编辑朋友们，讨论最多的问题。

编辑朋友们给笔者举一些例子，用户在某平台上看了几篇"美国对中国加征关税"的新闻，看完后发现信息流中推荐了大量的加征关税的新闻，而用户其实想看的是国内经济发展的状况。以此来说明，智能推荐会推荐大量重复的新闻，并且限制了用户的视野。

智能推荐在资讯软件里有不同的应用场景，例如信息流推荐、文章详情相关推荐、搜索个性化词云等。如果大量相似的文章被分发到相关推荐中，那肯定是没问题的，如果仅仅是依靠文本语义的相似性在信息流的主路径中被反复推荐，那么我们认为这套推荐机制并不属于"智能推荐"。成熟的智能推荐底层算法，一定有针对内容多样性的考虑与设计。

在艾克斯的智能推荐中便针对推荐的多样性设计了以下5套推荐策略：

● 用户协同引擎，即寻找与当前用户最相似的用户群体所感兴趣的内容，相似用户群体数量的多少与用户历史数据的积累直接影响协同引擎所推荐的内容，旨在通过用户关系发现用户没有意识到的自己可能会喜欢的内容。

- 地域引擎，即当前用户所属的地域内容会被推荐至信息流中，而地域范围的粒度也可控制在城市区县的级别。

- 热门引擎，即全网中最受关注的热门新闻，注重新闻的时效性和热门性。

- 兴趣引擎，即捕捉用户当前与历史的浏览习惯，在用户兴趣范围之内，发掘那些长尾和个性化的内容。

- 规则引擎，即资讯运营者（如编辑）主观意愿上甄选的优质或者价值观引导的内容。

针对文章的相关推荐也不是简单粗暴的只是语义层面上的相关。基于物品的协同过滤算法，即"看过此篇新闻的用户还看过哪篇新闻"的算法也通过计算看过此文章的用户群体的共同特征，推荐当前用户大概率上还有可能会感兴趣的新闻进行兴趣的扩散。

同时，用户的实时行为反馈也会作为推荐引擎的"燃料"源源不断地参与算法引擎的计算当中。除了我们所熟知的用户的显性行为表达（如点击"我不喜欢"）之外，推荐引擎还实时收集用户的隐性行为表达，而这些隐性的行为恰巧是用户最自然、最真实的对于所推荐内容的态度表达。比较显而易见的如用户对"推荐的内容并未发生点击"这个行为，我们可不可以认为是用户对这些内容并没有那么感兴趣？或者是用户只浏览了某篇新闻不到 5 秒，我们可不可以认为用户对这篇新闻的兴趣也不过如此？用户的这些隐性行为一直在影响着所推荐的新闻，只不过在使用资讯软件时，压根想不到而已。

对于成熟的智能推荐来说，以上的算法策略和推荐机制都同时存在并将多样性的努力反馈给用户。如果用户在使用智能推荐时发现大量的内容并不适合或者体验很差，那么很可能是算法策略中的权重参数配比出了问题，或者是这套智能推荐还不够成熟，当然也就不够"智能"了。

第五节⊙谁成就了标题党

《津500套房竟引千人暴乱》《中国将成为网络强国：2050年世界无敌》《官方：网约车属高端服务不应每人打得起》《上海冠生园董事长被猴子弄死》……这些"骇人听闻""断章取义""夸大事实""无中生有""偷换概念"的内容就是我们俗称的"标题党"内容。

一个很骨感的现实是：不需要任何数据挖掘，就知道这类标题党的内容备受欢迎。

三俗的内容是最低级的内容，如果用户没有刻意地脱敏与抵制，受好奇心驱使的用户往往会不由自主地去点击。这种情况不是智能推荐时代才出现的问题，而是从古至今、从有媒体诞生以来就普遍存在的问题，反而是有了智能推荐以后，这种现象得到了一定程度的解决。

推荐系统在获取用户的行为数据用于计算时，计算维度不仅只有点击。如浏览时长、浏览结束等粒度更细的浏览数据，分享、点赞、评论等常规互动数据，一切有业务意义的，可以表现用户兴趣的数据，都会以不同权重的形式参与计算。当然，不同业务场景下，会有不同的行为数据表现用户的兴趣爱好，而结果的推荐是这些用户行为综合指标的计算。

在标题党吸引了众多用户点击的情况下，如果内容并未达到用户的预期，用户快速地退出并未有其他的互动数据产生的话，那么这篇文章在推荐系统里的权重其实并不高，并没有多大概率会被推荐系统推荐给其他用户。

首先，表示用户兴趣度的行为不仅有正向行为，还有负向行为，比较常见的"不感兴趣""减少此类内容""减少此类相关内容""标题党、假新闻"等在推荐系统中都可能是负向权重的行为。

其次，推荐系统中的用户协同引擎，也就是推荐系统在利用用户群体共性行为做推荐时，会优先推荐那些被共性用户通过各种行为表达出的综合权重较高的内容，所以被共性用户发生过负向行为的内容在推荐时已经被系统进行降权至低概率曝光。推荐系统的强交互性通过用户的选择帮助其他用户进行动态的筛选，这些标题党类文章的内容很有可能已经被快速地清洗出了某个用户的推荐池。

最后，智能推荐不仅是依赖内容标题进行语义分析，像正文、作者、所属分类、标签等全量文本信息都会参与计算并影响推荐结果。从逻辑上来推断推荐系统没有任何的算法会增多标题党类文章曝光的概率。当然，像短视频类只有一段标题的内容是另外一回事了。所以，推荐系统其实有自己的一整套内容管理体系。

针对标题党类文章的内容，无论是 PGC 内容还是 UGC 内容，最根本的是要完善现有编辑审核下的内容审核机制（甚至部分内容分发平台无编辑审核），从源头上监管和整治。对于推荐系统，成熟的推荐本身并不仅仅依赖纯粹的语义分析、单一指标的热度特征和点击行为，还有如用户协同引擎等多种推荐算法、数据维度计算参与其中。用户在推荐栏只看到了结果，但不能武断地说，是智能推荐带来了标题党的问题。

第六节⊙保住 "新闻" 二字

新闻工作者对智能推荐并不敏感。原因在于其并不是推荐系统的直接使用者，新闻稿的版面位置受多个因素的影响，而且智能推荐对于新闻的曝光有自己的一套时效性逻辑。所以，我们会看到这样一幕：记者小刘在准备进入梦乡时，通过信息源获知一条轰动性的消息。为了确保新闻能第一时间发出，抢占热点，小刘凌晨时分如打了鸡血般地开始了消息的辨别、采访和撰写……经过一宿的折腾，第二天一大早一个电话就打给了还在吃着油条喝着豆浆的编辑老王："老王，我这有一条爆炸性新闻，我昨天一晚没睡已经成稿发给你了，请帮我抓紧时间审核发布，我要新闻的首发!" 嘴角还留着豆浆残渣的老王满口答应着："放心，我已经坐在办公桌前开始审稿了，文章不错，内容轰动，一定尽快发出，给你个靠前的位置!"

小刘听到老王的答复，心里的石头落地了，带着一夜的疲惫与未来几个小时新闻阅读量 10w＋的期待，补一个回笼觉。刚刚醒来，太阳已经偏西了，躺在床上的小刘慵懒地打开 App，浏览下自己撰写的新闻底下的评论吧。然而，从 App 的头条开始滑了好几页，也没找到自己的稿子。以为自己没睡醒漏掉了，小刘又往前刷了好几页，依然没有找到。小刘满脸疑惑地通过搜索功能，找到了自己的那篇阅读量仅有 10＋的稿子。此时的小刘……（以上情节纯属杜撰，如有雷同，万分理解）

从新闻平台的业务场景出发，处理重大、热点性新闻可以采用置顶或者固定版块的方式进行曝光。而对于那些从 CMS 系统上报到推荐系统的日常新闻一般是如何解决新闻时效性问题的呢?

- 设置推荐池有效日期,推荐出来的新闻都符合最低时效性要求。
- 实时推荐是保障时效性的基础。
- 灵活运用推荐系统的加权体系。
- 突发、热点新闻实时匹配。

一、设置推荐池有效日期

设置推荐池有效日期很好理解,任何事物都是有保质期的。为了保障实时推荐(60s 之内产生新的推荐结果),从 CMS 系统上报到推荐系统的内容会被保存至缓存层,用户在前端发生行为进行调用时,新的推荐结果直接从缓存层调用推荐给用户。回到新闻场景来说,超过 3 天以上的新闻其"新"的价值已经降低,可以直接根据新闻的上报时间规定缓存层内容的有效期,所有的在线计算只会计算缓存层三天的内容,减小了计算压力。这时候,无论用户怎么刷新,都不会看到 3 天以前的文章,这是架构层保障新闻时效性的方法。

二、实时推荐

大部分人对推荐系统的理解是天然的实时推荐,原因在于大家接触的淘宝、阅读的今日头条都是在用户进行几轮操作交互后,首页商品流、信息流随之发生了相应的变化,实时推荐符合大家对智能推荐的基本认知。但"实时"这个词其实并不准确。大部分情况下,计算新结果的周期都在 30s 以上,像淘宝类用户基数巨大的情况下，能做到 60s 的计算周期就已经很不错了，甚至有些应用需要 3 分钟左右的计算周期，但似乎大家又不能把这类推荐归类为"更快推荐""秒级推荐"，所以就干脆引用了"实时推荐"这个词语。

实时推荐的"实时"本身有以下三个含义：

（1）推荐结果的实时计算，也就是当用户在前端发生行为时，行为可以在毫秒内反馈给系统，产生新的推荐结果。

（2）数据的实时上报，当 CMS 系统有新内容发布时，会在毫秒内上报至推荐系统。

（3）模型的实时更新，随着新物料的上报，旧物料（超出计算有效时间）的下架，物料与物料之间的相似度关系会不断地变化，模型也会随着不断更新。

对于保障新闻的时效性来说，当新的内容发布之后，保障新的内容实时入库、模型实时更新，才能顺利地出现在推荐系统中，才有可能被前端的用户感知到，所以实时推荐是保障推荐内容时效性的基础。

三、推荐系统的加权体系

推荐系统的作用是使内容与用户产生连接，并通过已知的连接去预测那些可能会发生的新连接，所以推荐结果本质上是个预测问题。从用户的角度来说，就是用户对内容的评分预测，预测分数最高的内容会优先推荐给用户。所以，推荐结果在推荐系统的排序结果，是由一系列的用户行为投票值或者是权重值排序得出的。每个内容对于每个用户都会有一个对应的权重值，权重值越高的内容会优先推荐给用户。

从艾克斯推荐引擎来看，推荐结果受物料相似度、用户行为权重、各算法引擎权重、内容时效性权重、用户行为时间权重、行为反馈权重和人工干预权重的影响，而最终的推荐结果权重值是几个权重相乘的结果。

所以，针对新闻的时效性问题的解决在权重方面会有以下两种干预方式：

（1）规定入库在一段时间内，内容具有多少权重，例如 24 小时入库的新闻会天然具备 3 倍的权重，权重值从小时为粒度衰减至 1。

（2）对重点、热点的新闻进行人工加权干预。

因此，从权重体系来讲，可以针对物料入库时间、ID 进行定向加权以实现更高概率曝光的需求。

四、突发、热点新闻实时匹配

在通用的推荐场景下，冷启动即用户第一次登录平台尚未发生任何的行为，或者行为过于久远已是无效行为时，推荐系统往往会选择采用各分类内热门榜单进行排序，也就是平台在一定时间段内，用户共同投票出来的最受欢迎的内容 List。而在新闻场景下，由于新内容曝光的时间较短，很少有机会在短时间内被大部分用户发生行为，所以分类热门的形式不能很好地推荐那些最新的、热门的内容。这个时候，其实可以采取比较取巧的形式：直接与最快感知最新、热门内容的平台做语义计算的匹配，例如微博、百度热点、知乎等。（往往新闻第一时间发出的平台是自媒体平台）通过遍历已入库的内容，并与热点做实时的语义相似度计算，就可以计算数据库中哪些内容是热点内容或最接近热点内容，并在用户冷启动时推荐给用户，保证用户在第一次登录平台时可以在推荐栏看到最新最热门的内容，从而留住用户。

　　我们回到小刘与老王的故事，老王可能是真心实意地将稿子于第一时间编辑完并发布了。但因为编辑人员对推荐系统的运作尤其是权重体系不甚了解，所以导致内容虽然发布但并未得到有效曝光。对于推荐系统来说，不能仅作为一个技术平台束之高阁就可以了，真正想把推荐系统用到好处还需要编辑与运营人员能够比较轻松地根据需求去进行操作、管理甚至进行算法策略的干预，这样才是一套高效可用的系统。

第七节⊙推荐密集与兴趣探索

经常会有朋友跟笔者抱怨，自己看过一篇文章之后，整个阅读推荐列表都是与该文章相关的文章，智能推荐变成了相关内容推荐，阅读体验很差。作为一套成熟可商用的推荐系统，除了在算法层会有多套模型提供推荐结果，也应当针对不同业务场景调整算法策略、召回策略和排序策略，以适应推荐内容的多样性需求。

一、合适的多样性

在讨论推荐内容多样性之前，我们首先需要达成一个共识：**多样性是提升数据和用户体验的手段，而非目的。**

什么样的多样性才是合适的呢？

多样性这个概念本身就存在一些问题，每个人可能都有一套多样性的标准，很难用具体的、统一的标准量化。你可能觉得推荐出来的内容刚好能满足自己的需求，但是推荐同样的内容从别人的角度来看未必认为是合适的。就好像你和朋友一起去餐厅吃饭，同时上了北京烤鸭、山东煎饼、杭州小笼包，你觉得这三个菜刚刚好，但你的朋友可能钟爱北京烤鸭，那么烤鸭加大分量就可以了，没必要点这么多种。所以，多样性也不是越多越好，在每个业务场景下，多样性的程度都应根据业务需求和数据指标做具体的分析和优化。

一般来说，新闻场景下的点击率、留存率、浏览时长及互动等数据指标会受推荐内容多样性的直接影响。当运营人员准备提升点击率、浏览时长时，要定向优化多样性，针对不同的数据指标会有不同的多样性处理方式和关系，根据几个数据指标的综合需求和当下的业务需求，找到一个多样性的平衡点。需要注意的是，哪个数据指标跟多样性有关联是需要不断尝试和优化才能得到论证的。如果优化多样性可以提升点击率，那么就去做；如果优化多样性，对提升浏览时长没有任何影响，那么就不要去做。

结果导向性思维不仅在优化多样性时需要具备，在处理推荐系统的其他方面时应该是核心的底层思维。

二、实现多样性的处理方式

假如我们现在已经知道了用户的历史喜好，那么在多样性上一般有以下三种处理方式：

（1）全部推荐跟已知历史喜好最相关的内容。

（2）大部分推荐用户已知感兴趣的内容，少部分推荐可能感兴趣的内容。

（3）无视用户历史喜好，按照已有规则进行推荐，例如编辑推荐、时间顺序推荐等。

这三种处理方式，显然是（2）的方式会对用户更友好、更科学一些。所以在特定业务场景和数据指标下，推荐什么是"可能感兴趣"的内容以及平衡这里的"大部分"和"小部分"就成了多样性的重点。

在解决"可能感兴趣"的问题上，协同过滤算法再合适不过了。所谓的协同过滤算法："协同"，协同哪个用户、哪些用户或者哪个物品的数据特征；"过滤"，哪些数据特征是有效有价值的。在不同的业务场景下，协同、过滤的方法和群体都会有所不同，在新闻场景下的首页信息流和新闻详情页面用到的就是不同的协同过滤算法。

一般来说，协同过滤算法被总结为以下三种：

（1）基于用户的协同过滤。

（2）基于物品的协同过滤。

（3）基于模型的协同过滤。

三种协同过滤算法是三套算法组合，其中包含多种算法。例如协同过滤算法在大数据情况下，由于计算量较大，不能做到实时地对用户进行推荐，就会用到矩阵分解（Matrix Factorization，简称 MF），这也是基于模型的协同过滤算法的一种。在基于模型的协同过滤算法中，利用历史数据训练得到模型，并利用该模型实现实时推荐。在多数情况下，基于模型的协同过滤算法会作为底层算法出现在推荐系统中，并与另外两种协同算法在不同的业务场景和业务目标下进行一定程度的融合，从而实现更有价值的协同和过滤。

新闻场景下的首页信息流是典型的基于用户的协同过滤算法，而新闻详情页则是基于物品的协同过滤算法。简单地说，基于用户的协同过滤算法是"推荐跟当前用户最相似的用户群体所感兴趣的内容"，基于物品的协同过滤算法是"推荐看过这个内容的用户还看过哪些内容"。协同过滤背后隐含的逻辑是，每个用户对自己的兴趣爱好认知是片面的，是不自知的。"我也不清楚我喜好什么内容"，因此利用共性群体特征，帮你去筛选、投票选出那些你最有可能会喜欢的内容。跟你一样喜欢吃火锅、喝啤酒、听郭德纲相声的朋友还喜欢手游，那么我们认为这个手游你有可能会喜欢。从理论上讲，用户越多，行为越丰富，推荐出来的内容越接近你的真实喜好。同理，用户行为越稀疏，推荐出来的内容能满足你真实喜好的概率会越低。所以，在不同业务场景和数据情况下利用协同过滤涉及以下三个重点：

（1）怎么判断相似用户群体？

（2）协同多大规模的用户群体？

（3）过滤这个用户群体中的哪些内容？

这三个问题具体怎么解决，由于涉及技术细节且需在业务场景下不断地进行调整、优化或者用 AB Test 的方式去找到最合适的平衡点，在这里就暂且不表了。

我们知道推荐系统的作用，就是通过已知的内容与用户的连接去预测新的有更高概率被用户接纳的新的连接，协同过滤算法依托的"群体的智慧"是能够有效地挖掘那些"用户没看过但有可能会喜欢"的内容。通常，协同过滤算法会与内容的语义分析算法融合使用。当用户行为越密集、推荐系统工作时间越久，数据积累越丰富时，协同过滤算法在推荐 List 里面所占的比重应该更大一些，所推荐的内容也会越接近用户真实的喜好。然而，协同过滤算法会将群体中投票数较高的内容推荐给当前用户，但当用户行为较稀疏时，可能无法满足用户探索新兴趣的需求。

对于新闻场景来说，热点、最新与本地内容可能是个很好的切入点。对于热点与本地内容比较容易操作，操作方式也很多样，可以实时地与百度、微博、知乎做热点匹配，将热点内容穿插进推荐的 List 列表里，本地内容作为内容的一个分类，可以采取分类热点的形式将本地内容穿插进推荐 List 列表。而最新的内容穿插可能会有些许的不同，对于一般的新闻客户端来说，每天的稿量基本比较稳定，质量也都不错，用简单粗暴的最新内容进行多样性补齐基本也能满足需求。但有些网赚类 App，本身内容源比较杂，内容量也比较杂，每天可能会有几万篇新的内容进入数据库中，这时可以用 Bandit 算法中的 UCB 算法或者汤普森采样算法来解决，但其实 Bandit 算法的应用场景更广泛，经常与用户行为反馈算法融合来使用。

通俗来讲，用户行为反馈算法每推荐一批 List 时，用户对这批 List 里面的内容发生任何行为，都会作为权重反馈到用户的推荐结果中。就好比去餐厅吃饭，一桌的海鲜，用户一筷子没动，那么下次再来肯定就不能再给用户点海鲜了。如果一桌子菜里面有荤有素有海鲜，用户吃光了素菜，吃了少量的荤菜，那么下次点菜的时候可能素菜的量要更多一些，荤菜也有少部分，但是海鲜就不再有了。用户行为反馈算法会根据用户显性和隐性的行为，实时地调整排序层的推荐结果，并在那些已经被用户确定喜欢、选中的候选内容中产生随机内容，并做优先的排序输出，这样就起到了多样性和探索的作用。

无论是协同过滤算法、热门与最新内容、用户行为反馈算法，都需要根据业务目标和数据情况进行不断的尝试和调整，这样才能找到最适合自身业务场景的多样性处理方式。

第八节 ⊙ 首席质量监督官

智能推荐经常被用户诟病的一点是"怎么总有垃圾内容推送给我"。在推荐栏上看到垃圾内容，看起来的确像是推荐系统不够智能，但实际上这个锅不该由推荐系统背。

在前面章节中我们可以看到，推荐系统在整个信息平台中只是作为内容分发中枢存在，既不涉及内容源的采集，也不涉及内容的辨别。因为机器是无法按照人的主观思维去评判内容的观点和质量的，所以当内容源中存在"垃圾"内容时，推荐系统是有可能将这些内容推荐给用户的。那么，应该怎么去规避这种情况的发生呢？

一、"垃圾"内容的标准

我们需要界定垃圾内容的"垃圾"是什么标准？

一千个读者有一千个哈姆雷特，每个人对"垃圾"的定义可能都会不同。有的人看到美女恶搞视频，认为没有营养；有的人看到养生健康知识，认为危言耸听；有的人看到严肃文学，认为晦涩难懂……每个人都有可能把自己当下并不需要的内容划分为"垃圾"内容。但"甲之蜜糖，乙之砒霜"，垃圾内容的判断标准不能依托个人的主观性。

一般来说，垃圾内容有一个比较普世的标准，即黄色、反动、暴力、广告，内容的组成不仅有文字、图片，还有链接等。

对于 UGC、IM 平台来说，垃圾内容尤为致命，不仅用户体验差，而且会有平台被警告、下架的风险。2019 年 7 月，电商界的"当红辣子鸡"小红书就因为社区版块中存在违规内容被有关部门通报并且在各大应用市场下架。自此，垃圾内容审核被互联网从业者真正重视起来。

二、怎么做好内容审核

那么，内容审核是在什么环节做的呢？

一般来说，内容审核分为先验审核和后验审核。先验审核则是内容在前端展示前进行先行验证。后验审核则是在前端发布后，复查是否含违规内容并进行屏蔽、删除处理。先验审核还是后验审核依据平台属性决定，同一个平台内因为存在不同的业务场景，所以先验审核及后验审核可能会同时存在。

IM 平台内涉及聊天交互、文件上传、文件保存，大多是后验审核。UGC 平台的动态、评论一般也为后验审核，比较典型的像新浪微博。我们经常在微博上看到有些图片加载不出来，或是发的微博被删除了，而像微信公众号，内容创作者在提交发布稿件之后，往往需要几分钟的时间才发送成功，这几分钟的时间则是系统进行发布前的先验审核。一般来说，对时效性要求比较强的场景是后验审核，对时效性要求比较弱的场景是先验审核。先验审核、后验审核规则是相同的，但流程不同。先验审核是内容在上传推荐系统时，多了一道防火墙，违规内容不进入物料数据的采集中。而后验审核则是每几十分钟遍历一遍服务器，并发风险提示给管理员，管理员可进行删除操作并同步给推荐系统。

识别垃圾内容的过程也跟 NLP 关联度不大，现行效果较好的审核系统大多是规则审核而非 NLP 的文本处理。其原因是 NLP 的文本处理本质是用来解决概率问题，不管是机器翻译还是文本分类，NLP 给出的结果往往是以可能性或权重大小呈现的，无论概率多大，都不能 100% 确定。而文本的审核则是一个确定性的场景，只要出现什么样的内容，就是违规的、就是不合理的，而这些内容本质上是可以穷举的，也是随着场景和时间的变化不断增减的过程。这是文字类违规信息的审核。

图片的审核则稍微有点不同。图片无法用规则直接进行过滤，所以只能通过图像识别。通过大量的标注数据进行学习，生成审核的模型，用户上传的图片通过接口的形式上报至模型，模型进行识别给出处理意见。其处理过程与文字的处理过程是一致的，只不过图片分两种：带字的和不带字的。所以，面对图片这种更复杂的审核，一般需要先进行 OCR 的识别，将图片中的文字信息识别出来并与实时更新的违规字库匹配，先通过文字的形式拦截一次。OCR 拦截后，再将图像放至模型中跑出处理结果并将疑似违规图片上报人工进行复审。现实中，这种图像审核的难度并不小，因为很多违规信息本身是一直在增减的，而内容发布又具有一定的时效性和热点性，审核人员需要不断地去丰富违规信息库和图像模型。

总而言之，内容平台的垃圾内容、有害内容、假新闻等本身与推荐系统没有任何关系，推荐系统就是平台内容池的搬运工，解决水的质量问题肯定不是去找搬运工而是找水源。抛开朴素意义的垃圾内容审核来讲，现在很多内容平台的现状是其内容来自多个内容源，本身很多内容源的质量较差，也就是不符合平台主流用户的审美、需求与三俗，从艾克斯的推荐系统来说，是可以针对内容源、内容渠道批量地将这些内容降权甚至屏蔽，这样既可以做到主流受众不受影响，还可以满足真正对这些内容有强烈需求的人，不至于"宁愿错杀一千，也不放过一个"，这也是规则推荐永远做不到的事。每个内容平台都有其主打的用户人群，内容源的内容质量是需要运营人员花时间去分析用户需求而做出选择。如果一个内容源不能持续地提供符合平台用户需求的内容，那为什么不尝试换一个呢？

第九节⊙通往内容的变现之路

一、内容也是生产力

从内容平台诞生之日起，盈利能力就是悬在其头上的达摩克利斯剑。我们耳熟能详的流量巨大的内容平台如天涯、豆瓣、铁血等，成立至今已20余年，一直没有探索出较为健康的盈利模式，整体发展平平，沦为小圈子的自留地。如今内容平台界的当红炸子鸡，如今日头条、知乎、抖音、汽车之家等，之所以有了现在的规模和体量，也与其自身流量变现能力有很大的关系。可以这么认为，流量与流量变现能力是一个人的两条腿，一个人能不能走得顺利甚至跑得起来，关键看两条腿的步调是否协调一致。

我们观察发展良好的内容平台，可以分析出，内容平台的变现方式主要为两种：卖广告、卖商品。

今日头条主要的营收来源是信息流广告，其间也试水过在信息流中插入商品链接，甚至单独开放了电商版块。

汽车之家的主要营收来源是各汽车经销商的付费推广，也开放了平行进口车等电商版块。

知乎的主要营收来源是信息流广告，也上线了付费的 Live 课程和会员阅读。

这些知名的平台几乎是卖广告和卖商品两种盈利模式共存，也有剑走偏锋由内容社区成功转型成内容电商——小红书。笔者本节旨在通过对小红书在推荐领域的使用的观察，为内容平台提供一点对变现有价值的参考。

二、探秘"小红书"

2013 年 6 月，小红书以海外购物攻略分享社区起家，并两次荣登 iOS 下载总榜排行第一名。如今已经从社区升级成以 UGC 生产购物笔记为特色的社区电商，成为跨境电商领域为数不多的突围者。

小红书的发展历程如下：

2014 年，重点深耕社区内容。

2015 年，社区与电商打通，谋求内容变现。

2016 年至今，继续整合电商和社区，深耕供应链，将人工运营升级为机器分发，实现海量笔记和商品达到更精准地匹配和分发。

如今小红书用户量过亿，月活跃用户数超千万，70% 新增用户是 95 后。用户开始从一二线城市下沉到三四线城市，从年龄到地域都在不断发生突破。随着年轻用户的涌入，电商品牌从海外品牌逐渐拓展到本土品牌，更多的第三方开始入驻。

此外，小红书社区笔记内容正变得越来越多元化：从美妆时尚逐步拓展到健身、娱乐、旅行、艺术等其他领域。

小红书为什么能"红起来"？

要探究这个问题，首先要着手分析内容出现在电商平台的原因和其所具有的价值。

对于整个电商发展而言，我们经历了电商购物 1.0 以 PC 端为交易入口、电商购物 2.0 以移动端 App 为流量入口两个阶段，主要以秒杀、满减、折扣等各种低价刺激活动，购买流量尽可能地让用户看到商品等手段去激发用户购买。随着各大电商平台、传统品牌在移动端网购市场布局的完善,电商基础设施的完善,商品极度丰富,通过页面导购活动来刺激完成购物模式也逐渐突显弊端。主要表现如下:

商品极度丰富,平台间差异化小,各平台活动层出不穷,养成用户比价习惯,用户黏性降低,用户对促销方式疲软;商家经常促销降价打价格战,毛利难保,难以实现盈利。

根据马斯洛需求层次理论将消费市场划分为生理、安全、社交、尊重以及自我实现五大需求。随着人们物质生活条件越来越好,生理和安全需求逐渐被满足,用户对社交、尊重以及自我实现的需求越来越强烈,而这时仅靠简单的价格触发用户购买,不能满足用户的情感需求。如图 3 – 1 所示。

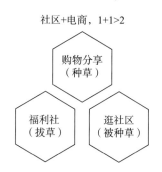

图 3 – 1 小红书分享式购物模式

在传统电商不能满足用户更高层次需求的情况下,内容电商应运而生,在内容传递中进行购物的引导,使用户在内容阅读中产生购买欲望,实现购物转化。以用户为中心,在用户流、咨询流的基础上实现商流而区别于传统电商以商流为基础,实现用户流的"集市生态",将零售业的购物方式从以产品为中心的"货架式"转入以人为中心的"社群式",而实现这些变化的核心技术是:跨数据类型推荐。

三、内容变现推荐——跨数据类型推荐

1. 让内容与商品实现匹配

谈到跨数据类型推荐，笔者所服务的艾克斯智能公司的量荐推荐引擎早在 2016 年便上线了此项功能，并成功地在一家专注做女性 KOL 沙龙的社区"玲珑"中得到了广泛的应用。当时，KOL 社区方兴未艾，许多知名的女性 KOL 在玲珑沙龙分享一些女性生活方式，玲珑沙龙流量很大，但苦于没有合适的流量变现方式，于是找到了我们，我们便提出了通过跨数据类型推荐的方式进行变现。

每天玲珑沙龙发布上千篇文章，例如 30 岁知性女性该如何化妆、35 岁的职场女性该如何穿搭等，跨数据类型推荐通过计算每篇文章的语义匹配与当前文章最相关的 N 个商品。浏览此文章的用户可直接点击链接进行购买，从内容端完成了商品的消费。要知道，纯人工的方式是无法将每天几千篇的文章挂上与之最匹配的商品，况且商品是有时效性的，而内容的时效性大多没有那么强。一篇教穿搭的文章前年有价值，今年仍然有价值，而人工所挂的商品链接可能已早早失效。因此，随着商品上下架、更新并不断帮助文章实时匹配商品的方式，只有跨数据类型推荐，即不同的数据类型通过语义算法相互匹配，如根据文章推荐商品、视频，根据视频推荐习题，根据习题推荐问题等。当然，这并不是跨数据类型推荐的全部。

2. 小红书的跨数据推荐应用

首先，用户看到感兴趣的内容可从内容标签直接跳转至商品购买页面完成对商品的购买。（小红书并没有实现通过机器自动

将文章与商品匹配，而是依赖每位种草达人所挂的链接，我们在浏览小红书的商品链接时，经常会发现失效链接）如图 3 – 2 所示。

图 3 – 2　内容标签直接跳转至商品购买页

其次，小红书不仅可以实现通过浏览内容进入商品购买页面，而且用户在社区的行为数据被机器收集计算后，用户同样可以在商城版块发现自己喜欢的商品。如图 3 – 3 所示。

笔者在社区版块对与健身相关的内容产生了大量的行为，从而机器通过计算笔者的行为数据，认为笔者可能这段时间比较热衷于健身或想去健身，因此推荐了与健身相关的装备或器具，即支持语义模型在所有数据类型中进行推荐，也就是说，用户看了

图 3 - 3　在商城版块发现自己喜欢的商品

某个商品，那么在文章推荐中也会给你推荐与这个商品相关的文章。看了某篇文章，我们在给你推荐商品的时候也会给你推荐跟这个文章相关的商品，把用户的多数据类型的行为特征打通，实现互通推荐。

3. 跨数据推荐的其他用途

当然，跨数据类型推荐的策略不仅适用内容的变现，也可以实现流量的引流和开发新功能。例如，笔者服务过的一家制造业企业的情报系统，因为情报是由内部提供和从外部授权得到的，数据库里的资源并不多，而为了给研发人员提供更多的智力支持，则在情报的相关推荐中推荐相关问答，将浏览情报的流量导流至问答版块，引导用户更多地生产内容。还有像最近上线的网易云音乐的新功能"音乐交友"，根据用户对歌曲的兴趣匹配有同样爱好或者爱好相似的异性，实现兴趣交友。如图 3–4 所示。

图 3–4　网易云音乐新功能"音乐交友"

跨数据类型推荐的特点如下：

（1）不同数据类型通过语义计算的方式互相匹配、搭配推荐。例如在玲珑沙龙，根据文章推荐商品。

（2）用户在不同数据类型中的行为特征互相打通，互为推荐。例如用户在应用的社区版块浏览了帖子，那么当进入应用的商城版块时，商城中可推荐与用户所浏览的帖子最相关的商品。

值得一提的是，跨数据类型推荐不仅可以实现同应用的推荐，还可以实现 App 端、小程序端、手机 Wap 端、PC 端的互通推荐。用户在 App 端发生了行为，当打开小程序端时会根据用户在 App 端的行为进行小程序端的推荐，实现跨端推荐。当然，前提是各端的用户 ID 和物料 ID 是唯一且一致的。

在内容平台中，通过跨数据类型推荐的方式将内容与商品互相连接。同样的一份内容在原有精神消费属性的基础上增加了商品消费属性，原有消费完内容即走的用户看到感兴趣的商品后会有一部分进入商品的转化漏斗中，通过内容为商品进行引流，内容平台也具备了内容电商平台的属性，从而实现了商品销售额的增长。

四、为什么通过内容向商品引流是有效的

用户在平台上进行购物时的传统路径是"货比三家"，用户不会只看了一家店便下单，往往都是把一系列有相同商品的店铺看完之后，再挑选其中更好的店铺进行下单购买，即用户的下单行为需要联合评估才可以决定。繁杂的商品对比使人们产生价格对比的心理效应，会直接导致用户的不确定性增加，影响其最后的购买行为。内容的好处是用户提供了单独评估的场景，当用户在感兴趣的内容中遇到自己喜欢的内容，会直接进行下单购买，而不会存在其他商品对其造成影响，所以最后的交易成功率也会大大增加。如图 3-5 所示。

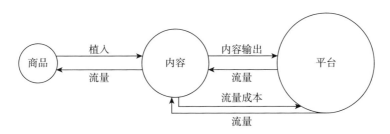

图 3-5 内容向商品引流是有效的

相对来说，内容电商比交易型平台电商更具场景化，用户在进行浏览时的代入感更强，当用户看到感兴趣的、具有实用价值

和决策价值的内容，发现了自己的需求，恰好内容中的商品又有呈现的话，他们就会直接进行购买，而不会去与其他商品对比。

在进行购物的时候，我们的购物情绪是一直保持着理性，在购买一件商品的时候我们会把这件商品的价格、质量、评价等详细信息与其他店铺的相关信息进行对比，然后再选出综合情况最好的店铺进行交易。

而在内容电商中，用户的目的并不在于购物，用户的第一目的往往是阅读。在阅读的过程中，该商品的优点会被无限地放大，我们的眼球会被其吸引，并且容易忽略掉缺点的存在，这时候就算用户在最开始时并不是想要购物，但是到最后都会觉得："哇！这款产品不错，我买了。"

我们回到小红书的体验上，小红书的商品详情页也可以进入相关的内容社区，通过真实用户的分享、评价来为自己是否购买提供决策依据。如图 3-6 所示。

体验至此，我们可以看到小红书社区是提供用户黏性的，为电商引流而存在的，电商则把流量变现，在 App 里形成一个闭环，互相推动。通过个性化推荐引擎，将社区的用户行为数据、商城的用户行为数据连接起来，更深刻地理解用户，满足用户个性化需求，实现平台销量增长。小红书从内容社区转型为内容电商，其运营思维值得各位内容平台的运营者借鉴与学习。跨数据类型推荐可以实现的玩法十分丰富，关键是结合自身平台的用户群体及现有资源，优雅和自然地为用户提供有价值的变现服务，实现内容也是生产力。

< 　　小红薯怎么说

🟦 li噜噜噜噜　　　　　115个赞 0个收藏

超好穿的运动黑科技，已经推荐给N个人

韩国VVC爆汗服，秋天的时候入手的，现在已经
成功减掉12斤，肚子上的赘肉基本没有了，但是
小腿肌肉太发达有点难。发汗效果绝对没话说，
跑步机热身就开始出汗，唯一的缺点就是冬天刚
换上有点凉，可能是发汗黑科技？因为它有一层
银色镀膜。反正很好穿，推荐给好多人啦~~想
减肥的尽快入手吧~~ #健身穿什么

收起

< 　加快循环促进排汗　　↗

小红薯们怎么说

🔵 小红薯_6065　　　　　收藏·0 赞·221
家里的跑步机，每天30分钟，配速看身体状况。穿
上VVC爆汗衣第三天，每次都是豆子大的汗珠往下

🔵 玛格丽特的绿眼睛　　　收藏·0 赞·119
坐标广东，健身房一周三次。这个VVC爆汗服，出
汗效果简直谁穿谁知道，当别人还在穿那些烂大街

🔵 li噜噜噜噜　　　　　　收藏·0 赞·115
韩国VVC爆汗服，秋天的时候入手的，现在已经成
功减掉12斤，肚子上的赘肉基本没有了，但是小腿

查看更多相关笔记　　　不顶部

🏪 🛒 🛍　　加入购物车　立即购买
店铺 购物车 心愿单

图3-6　小红书内容社区

第四章

上岗的"机器导购员"
——智能推荐在电商场景的应用

第一节⊙电商的 "看不见的手"

当我们走进一家运动品牌店的时候，店员走上前来说："国昊，你是想买双跑步鞋吗？我记得你很喜欢椰子元素的，这里有新来的几款要不要试一下？这里还有几款你的朋友喜欢的，你要不要也看一下？另外，你挑的这双鞋子跟这套橘黄色的运动服很搭哟，要不一起试一下？"

这时候，我们一般的选择是什么呢？试一下店员推荐的款式合不合适，合适的话看一下价格买单走人；不合适的话，再看看其他的款式。真实的线下场景交易就是这样发生的。所以，在线上电商平台我们也期待有类似的体验。相信聪明的你也明白了，这种体验就是智能推荐。

在电商平台上，运营人员一直在做的事：将不同品类的商品放在不同的区域，再把商品按照不同的规则进行排序，今年的新款上架在更明显的位置上。事实上在做的是什么呢？这是分门别类地让用户更方便地找到他想找到的东西。就好像在图书馆里一样，而这种方式似乎还不如线下门店导购员推销更为人性化。智能推荐则打破或者说融合了已有的商品展示规则，商品的展示因人而异"千人千面"了。

一、四种电商平台

电商平台也分为很多种，不是每一种都需要用到智能推荐。

我们可以粗略地将电商平台分为：C2C、B2C、B2B、O2O。

C2C 电商平台。C2C 电商平台最具代表性的无非是淘宝和拼多多了。其特征是平台所售商品均是入驻商家所提供，平台不仅需要管理商品还需要管理入驻的商家。以淘宝为例，平台的盈利方式主要有以下几种：

（1）基本费用盈利。如保证金及技术年费，不同类目都有对应的佣金和积分扣点以及技术年费。只要没有关闭店铺，保证金就一直压在淘宝那里，而且是没有任何利息的，而淘宝对外的淘宝贷款却是有利息的，这是淘宝很大的一个盈利方式。

（2）支付宝相关盈利。淘宝的支付宝业务充分调动了买家的闲置资金，推出的余额宝等业务，提供高出银行的利率，吸收的存款却以更高的利息对外借贷或投资，充分利用亿万买家的闲置资金实现资金的流动性价值，进而盈利。

（3）淘宝相关工具盈利。

B2C 电商平台，即所谓的自营电商平台。很多品牌方自行建设电商网站销售商品。与电商平台相比，其运营成本较高，需要自行开拓产品供应渠道，并构建一个完整的仓储和物流配送体系或者发展第三方物流加盟商，将物流服务外包。其盈利模式是通过更多的销量带来更多的营业额。

B2B 电商平台，即企业间的电子商务平台。比较典型的如 Made in China。其既有可能是品牌方自建电商网站进行销售（但销售对象是企业），也有可能像 C2C 电商平台一样，提供企业间的电商交易平台。企业在其平台入驻并进行商品的销售。前者的盈利模式和 B2C 电商平台一样，就是通过多销售商品赚取更多销售额；而后者则跟 C2C 平台类似，会有多种盈利模式：

（1）入驻费用（会员会费）。

（2）增值服务，如企业认证、行业数据报告、竞价排名等。

（3）线下服务，包括展会、期刊、研讨会等。

（4）询盘付费，做撮合类的交易。Made in China 就是典型的撮合交易平台，其平台并不发生实际的交易，而是将双方的供应与需求连接起来。

（5）佣金。在买卖双方交易成功后收取费用。例如，采取佣金制、免注册费，但佣金比例为 2% ~ 5%。

O2O 电商平台。O2O 电商平台多为本地服务类电商，如美团外卖、每日优鲜。其特征是提供服务或商品的公司都是由本地商家提供的，是以地理位置区分服务的电商平台。其盈利模式和 C2C 电商平台类似。

为什么讲智能推荐还要先讲一遍各类电商平台的区别呢？因为不同的电商平台，其盈利模式不同，推荐的业务目标和服务对象也会有所不同，在不同的电商平台上会用到不同的推荐策略。例如，以直销著称的安利电商平台，其电商平台的主要服务对象是他们的营销人员而非普通的消费者，所以智能推荐的目标就变成了如何更好地服务营销人员进行销售，在平台上产生更多的直客销售就不是主要目标了。例如本地服务类的推荐，最基础的推荐原则是：推荐商品范围不可以忽略地理位置。北京市的小伙无论是多爱吃包子，都不会向他推荐商家位于天津市的狗不理。

我们已经分析了不同电商平台不同的盈利模式，本着一贯的目的性思维：推荐用来提升实际指标。因此，推荐策略和算法策略需要根据平台盈利模式的不同进行调整，甚至在某些界面及场景用人工推荐或者规则推荐会更合适一些。那么，我们以 App 端为例，分别讲一下不同模式下的推荐该如何设计与应用。

二、首页的推荐

首页作为应用登录承托页，不仅是全应用流量最大的界面，也是流量分发的窗口。作为核心功能为内容分发的智能推荐来说，首页是几乎所有 App 应用推荐功能的必选界面。以手机淘宝为例，手机淘宝推荐的快速发展源于 2014 年阿里"All in 无线"战略的提出。在无线时代，手机屏幕较小，用户无法同时浏览多个视窗，交互变得困难。在这种情况下，手机淘宝借助个性化推荐来提升用户在无线端的浏览效率。2015—2018 年的双 11，从双 11 主会场个性化算法（即"天坑一号"，如图 4 - 1）包括三个层次：楼层顺序个性化、楼层内坑位个性化、坑位素材个性化到手机淘宝近乎所有版块个性化，智能推荐已挑起了流量分发和订单转化的大梁。2015 年双 11 智能推荐的成功上线成倍地降低了会场跳失率，其个性化推荐团队还获得了当年 CEO 特别贡献奖。如今，手机淘宝经过几年的发展，推荐已经成为手机淘宝上面最大的流量入口，每天服务数亿名用户，成交量仅次于搜索引擎。不仅是 Feed 商品流推荐，如搜索、活动页 Banner、专题分类版块，也均使用了智能推荐。

手机淘宝的推荐逐渐成为淘宝最大的流量入口和最大的成交渠道之一，其背后是极为复杂的业务形态和繁杂的业务场景。手机淘宝的推荐不仅包含商品，还包含直播、店铺、品牌、UGC、PGC 等，推荐的物料十分丰富。目前，手机淘宝整体推荐的场景就有上百个，我们只举例几个场景，以启发读者的思考。

手机淘宝首页的设计思路，界面从上至下分别是：

（1）搜索栏，用户使用搜索栏快速找到心仪的商品。（快速定位商品，应用个性化搜索）

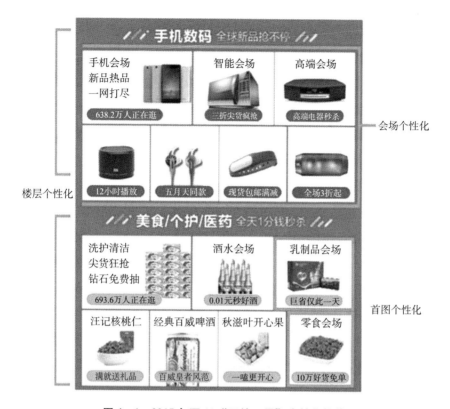

图 4 - 1 2015 年双 11"天坑一号"个性化推荐

（2）Banner 图，通过 Banner 活动拉动流量。（通过活动留住新登录用户，应用个性化 Banner 图）

（3）活动专区，用流量品带动购买量。（让用户知道该商品和服务在我这里很便宜，应用活动专区推荐）

（4）猜你喜欢，新老用户的个性化转化方式。（目的不那么明确或处于"逛"和"比"过程中的用户的转化，应用瀑布流式推荐）

1. 搜索栏个性化推荐

搜索栏个性化推荐主要有以下几个位置：

（1）搜索框文字提醒。搜索框的文字一般以轮播的形式，按照推荐结果的权重排序，依次按秒展现。如图 4 - 2 所示。

图 4 - 2　搜索框文字提醒

（2）搜索结果。如图 4 - 3 所示。

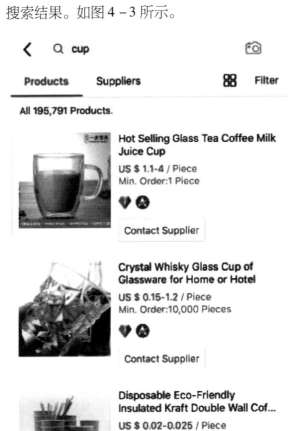

图 4 - 3　搜索结果

（3）搜索关键词提示界面。如图 4 - 4 所示。

图 4 - 4　搜索关键词提示界面

2. Banner 图个性化推荐

轮播图也可以根据用户的兴趣与行为数据进行个性化展示，前提是轮播图的数量足够多。如图 4 - 5 所示。

图 4 - 5　Banner 图个性化推荐

3. 活动专区推荐

活动专区分类的特点是推荐个性化的分类或者活动。在前端返回推荐结果时，会返回多个分别属于不同分类的商品列表，按照商品列表由高到低只取分类返回即可。这也能解释手机淘宝活动专区展示的不同品类的商品，但点击之后并没有跳转到相应商品，而是到了商品分类的活动页面。如图 4 - 6 所示。

图 4 - 6 分类活动页面

我们提到电商平台的推荐不仅仅是商品，可能还包含商品店铺、品牌、直播。凡是被包含商品信息里的子信息都可以通过返回分类的方式操作。分类的应用十分广泛，从理论上来讲，任意的信息都可以被分类。

4. 猜你喜欢（商品流推荐）

首页的核心诉求就是留住新用户，并将其转化为老用户。智能推荐已应用在首页的各个功能区域里，从逻辑上反推，智能推荐是可以在一定程度上实现留存和转化指标提升的。而我们看淘宝首页的演变也论证了我们之前提到的互联网发展的现状：增量流量已不多，各家都在争夺存量流量市场。新用户已不是主要目标群体，老用户不需要专题分类做购买指引；老用户已经积累了足够多的历史数据，智能推荐基于当前数据已能满足大部分用户的购物需求。如图 4 – 7 所示。

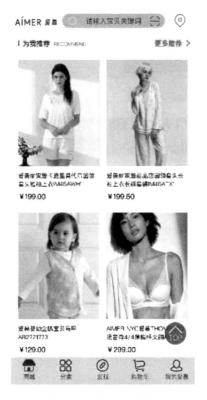

图 4 – 7　商品流推荐

三、商品详情页的推荐

商品详情页推荐是在商品的二级界面实现商品的个性化推荐，帮助用户实现在商品购买时的"货比三家"，或者根据商品的属性、价格、用户需求的搭配推荐，通过"一揽子"的方式找到用户的潜在购物需求，实现客单价的提升，从而提升平台的盈利能力。商品详情页推荐的推荐位一般会分布在三个地方，会分别使用以下不同的方式实现。

1. 相关推荐

自营电商平台与入驻式平台相关推荐的主要区别是：自营电商平台单个商品的相关推荐的范围是全平台，而入驻式平台是以店铺为单位，即入驻式平台根据纯文本语义相似性做的推荐只是店铺里面上线的商品。举个例子：全平台内有 1 万款与单个商品相关的商品，而这个商品所属的店铺里可能只有 3 款，而推荐位有 6 个，那么在入驻平台内的这家店铺的这款商品的前三个相关推荐商品可能与当前商品高度相似，而剩余的三个推荐商品可能并没有那么相似。相关推荐的核心是纯文本语义的相似，一般是通过离线计算的形式遍历模型里的所有商品，计算出每两两商品之间的语义距离，再根据距离远近进行排序，便计算出了每个商品与 N 个商品之间的相似度大小。

计算的信息包含常见的标题、属性、参数、详情页描述、厂家信息、分类信息等。所以，相似推荐的商品并不是一成不变的，相似商品的推荐会根据整体平台内商品不断地上架、下架，模型不断地计算生成并过滤已下架商品，实时计算出语义最相关的商品。

2. 搭配推荐

之前讲过很多推荐的场景并非算法推荐效果最好。搭配推荐是个很好的例子。一般来说，商家为了提高销售额会给用户提供多套组合商品搭配，就好像在线下购物场景中，当你买了一条牛仔裤时，导购还会向你推荐皮夹克一样。但效果好的搭配推荐并不是使用了以"啤酒和尿不湿"闻名的 RFM 模型，而是纯人工推荐。通过纯人工的方式将各类符合某些活动区间和用户心理的商品搭配起来进行推荐。毕竟最了解人的还是人，不是算法。

3. 看了又看推荐

一般出现在商品详情页时又叫作"看过这个商品的用户还看过哪个商品"。此场景的算法主要是基于物品的协同过滤算法，即推荐相似的商品给用户，只不过这个相似不是内容、文本语义上的相似，而是基于用户行为反馈角度衡量的。举个例子：同样看过 Chanel 口红的用户，还有 5000 名用户同时看过 LA MER 的补水面膜，那么此面膜就会推荐给当前用户。

在艾克斯推荐系统场景中，基于算法推荐的相似推荐和看了又看推荐可以组合在一个推荐位置中，即可以调整语义相似推荐和看了又看推荐分别提供的商品的数量。当平台内商品没那么多，纯语义推荐的商品相关度并不高时，可以采用混合推荐的方式，既给用户多个商品选择，同时挖掘用户的潜在需求，提高用户的决策效率，获得更大的商业价值。

四、购物车推荐

购物车推荐即购物车版块的个性化推荐，其目的是为了在用户付款时加购其他商品一起下单，提高平台的提篮率，从而使平台获得更大的商业价值。从算法上来讲，购物车推荐与详情页推荐的原理异曲同工，但也有以下不同之处：

（1）根据已加购商品的纯文本语义相似推荐。已加购商品可能是多个，或是基于多个商品的相似推荐。

（2）根据多个已加购商品的"看了又看"，用户可能同时加购了口红、香水、连衣裙，那么系统会根据用户已加购的这三件商品，推荐同时购买了这三件商品的用户买得最多的其他商品是什么，然后推荐给当前用户。

（3）根据已加购商品的金额，通过人工规则的方式向用户推荐某些活动商品，使下单金额可以满足满减、折扣等优惠，从而提高活动商品的转化率和下单总金额。

五、类目页（列表页）个性化排序

类目页个性化排序是指将分类内的商品按照用户行为反馈进行个性化的排序。一般的电商各类目早已具备了"按照销量排序""按照价格排序""按照人气排序"等排序方式，个性化的排序则属于"按照兴趣度排序"。其基本原理是根据当前品类的默认排序与用户行为的排序相融合，因为每个人的用户行为是不同的，所以最终各品类内排序也是不同的。例如用户浏览过Chanel 香水、Dior 隔离霜、LA MER 面膜，那么这个用户的行为词袋里就有"Chanel 香水、Dior 隔离霜、LA MER 面膜"这些词（真实环境中不仅仅是标题或某个商品名称这么简单，还有属性、参数等信息），那么我们通过计算语义距离的方式计算出默认排序的所有商品与这个用户词袋之间的语义距离。距离越近的商品权重越高，距离越远的商品权重越低，每个商品都得到了一个语义的权重值。在默认排序无业务规则干预的情况下，默认商品的权重值默认为1，那么商品默认权重乘每个商品的语义权重值就得到了最终的个性化排序的权重，再按照权重由高到低将商品排序即可。

不仅是各类目页的排序方式可以这样应用，包括像活动页（秒杀活动、拼团活动等）、直播页等也都可以使用列表个性化排序的方式操作。

以上为单一电商场景下的核心推荐位置,非核心的推荐位置如个人中心页等,也会用到个性化推荐,具体的实现方式就得具体问题具体分析了。电商行业发展到现在,形式、场景日新月异,社交电商、社区电商层出不穷,推荐的玩法也越来越多样。

一般建议推荐功能可以采用两步走的方式:核心位置先上,非核心位置慢慢上。在没有接触推荐之前,预想的场景并不一定真正适合推荐。所以,我们先在核心位置上线智能推荐,对智能推荐有具体的认知并验证使用效果的标准之后,逐步向其他非核心位置和新场景迁移。

第二节⊙画鬼容易画人难

用户画像是个挺时髦的词，似乎在互联网行业言之不谈用户画像就不专业一样。而在推荐系统中也沿用了部分用户画像的概念，但与一般意义上的用户画像有着本质区别。

用户画像的理念起源于营销，常见的形式是通过主动或被动地收集用户在互联网上留下的种种数据，加工成一系列的标签。例如给用户打上男或者女，哪里人、职业、高低净值、喜欢什么等的标签。但标签并不等同于用户画像。实际上，用户画像的正式名称为 User Profile，是产品设计和用户调研的一种方式方法。当我们在讨论产品、需求、场景和用户体验时，会将焦点需求归类到某一类人群上。用户画像是通过抽象的方式，表达目标用户群体的集合。

一、用户画像应用场景在营销

用户画像一般围绕着营销展开。营销的目的是通过分析手段找到一群人的特质，施加离线影响，促使其来到平台。所以，对于营销来说，其本质就是一个离线行为，由离线数据构成的用户画像是其分析工具，用于更好地拉新、做促销活动、实施唤醒策略。

不过，从用户画像到营销活动还有相当长的路要走。举个例子，朋友在公司建立用户画像划分了百来个维度，用户消费、属性、行为无所不含。看起来还是挺不错的，但是上线后运营看着这个干瞪眼。问题包含但不限于用户有那么多维度，怎么合理地选择标签？怎样定义用户的层级？VIP 用户应该累积消费金额超过多少？是在什么窗口时间内？我所设定的标准是否科学合理？后续应该怎么维护和监控？业务发生变化了，这个标签要不要改？设立好标签，怎么验证用户画像的有效性？怎么验证这套系统成功了呢？如果效果不佳，怎么办……一系列使用时遇到的具体问题摆在面前。

策略的执行也是一个纠结的问题。从岗位的执行看，运营背负着 KPI。当月底 KPI 完不成时，往往更喜欢选择全量运营，而不是精细化运营。我想不少公司都存在这样类似的情况：使用过用户画像一段时间后，发现也就那回事儿，也就渐渐不再使用。本质上，用户画像是一种分析工具，是用来提高运营水平的手段。要真正产生价值，根据自身情况不断试错，科学合理地使用才是重点。这也是大型企业想要上线用户画像时，笔者往往不建议客户选择软件公司只是单纯上线一套画像系统，而是选择让专业的咨询公司帮助进行业务梳理、建立画像体系并获得专业应用培训的原因。

二、推荐系统中的用户画像

推荐系统中也有用户画像的概念，一般我们认为它是用户的业务画像，其与营销意义上的用户画像有着本质的不同。我们知道推荐系统需要收集用户的行为数据和部分属性数据用于计算分析，而系统需要将这些数据进行向量化，机器才能识别这些数据，向量化的结果就是推荐系统中的用户画像。它本质上属于系统计算过程中的一个副产品。它的作用是让机器理解数据，并不是让运营人员理解数据，因此并没有一堆酷炫的数据可视化界面。

营销意义上的性别、职业、收入、哪里人、风格喜好、高低净值、新用户、活跃用户、流失用户等标签画像对于系统去捕捉实时的用户购物喜好是没有任何帮助和意义的，自然机器也不会将这些标签画像向量化反映到推荐结果中。

举个例子：一个打着女性、白领、喜欢读《瑞丽》杂志和活跃用户标签的用户，我们应该向她推荐什么呢？如果此用户近期在平台内一直浏览的是空调、洗衣机，难道我们要按照固有思维仍然去给她推荐口红、面膜吗？显然，此种推荐是非常荒谬的。推荐系统的本质是提升运营效率，而非着眼于营销。运营的目的是通过更好的服务来达到最终的业务目标（促成销售或黏住用户）。

营销意义上的画像本身就是一种群体特征表达，例如我们说一个人长着柳叶眉。那么，什么是柳叶眉呢？我们把人的眉形根据形状、稀疏、走向划分成若干种，其中有一种我们命名为柳叶眉。当我们说这两个人都长着柳叶眉的时候，是不是意味着他们的眉毛长得一模一样呢？肯定不是。只是他们的眉毛在大的特征上符合柳叶眉的特点。我们不能为每一个人创造一种眉形，这个世界上我们总结出的眉形可能就几十种，但就这么几十种要表达出五十多亿人的眉毛来。

可见，用户画像无论多么细致，设定多么庞大的维度来做交叉，它都只是一种群体表达，不是个体的。它可以非常好地服务营销，因为营销的粒度本身就是到群体，而不是到个体。有人会说我们可以把粒度设置足够细，细到定位个体。先不论我们是不是可以定义如此庞大且互不影响、互不相悖的维度来，即使我们可以，这种尝试将令营销工作因为效率过低以至于完全无法进行。

对于运营来说，推荐系统是提供差异化服务的在线工具，这个工具就像一个贴身的"售货员"。当一个客户走进店里来，它会去观察他的所有行为：他看了哪些商品、对哪些商品爱不释手但又没购买，询问了哪些商品的价格，最后买了什么。每一次这个客户进店之后的行为全都被这个"售货员"看在眼里，以至于有一天当这个客人一进店的时候，这个"售货员"直接带他来到一个专属的房间，这个房间里所有的商品都是"售货员"根据这个客户的历史行为推算和挑选出来的。客户可以直接在这里浏览挑选，不必再一件件从几十万种商品里翻看。

这是一种服务，针对个人的服务，而不针对人群的服务。因为服务对象只要超过一个人，就需要做取舍，而智能推荐的本质是一种只为指定对象考虑而不需要为其他因素做取舍的服务。

这种本质上的差异性决定了，营销上的用户画像是取舍后的产物（分群），用一个取舍后的产物来辅助产生一个不需要做取舍的服务，其作用的有限性是显而易见的。我们不能够武断地说它完全没有作用，而是我们也需要做取舍，用户画像究竟是用来营销还是要用来运营。本质上的差异决定了，试图两者兼顾的做法带来的都将是两者皆不可得。

第三节⊙评价推荐的标准

记得看过这么一则寓言故事。

有一个渔夫贪图省事，织的网只有一张桌子那么大。他出海一天也没有捕到一条鱼，垂头丧气地回到了家。邻居对他说："你织的网实在太小了，哪能捕到鱼？还是把网织得大一点再出海捕鱼吧。"

渔夫听了邻居的话，就认真地在家织网。几天下来，把网织得和邻居的一样大。渔夫带着他的大网出海捕鱼，一天下来，捕到了许多鱼，他唱着歌，高高兴兴地回到了家。

渔夫想，看来捕鱼多少的关键是网的大小。如果我把网织得更大，那捕到的鱼一定还要更多。渔夫不再出海捕鱼，一天接一天在家织网，几天下来，他把原来就很大的网又扩大了几倍。巨网织好后，渔夫就带着它出海捕鱼去了，他花了好大的工夫才把巨网撒入大海。渔夫想，这一网收起来，鱼一定可以装满一船，想着想着，他乐出了声。

渔夫准备收网了，一拉网，觉得好沉好沉，拉了半天也拉不上来。网中确实有许多鱼，鱼儿们拼命地向大海深处游去，把渔夫的小船也拉得翻了身。渔夫正是因为想要的太多，所以什么都没得到。

这则故事的寓意也同样适用上线智能推荐的企业。

一、结果一般是系统运营带来的

在与客户交流的过程中，笔者发现有很多客户对"智能推荐"有过高过多的期待。笔者经常被问的问题是智能推荐"能给我们提高点击率吗""我们的复购率比较低，能给我们提高复购率吗""我们平台刚刚上线，能帮我们留住用户吗"……

从逻辑上分析，智能推荐确实可以带来多个指标的提升，例如 CTR、转化率和停留时长等。往往这些指标的增长是成体系、系统性运营的结果，非某个"万金油"可以带来的。即使推荐的效果很好，也有可能因为最后考核指标的路径太长，指标效果表现不明显。

笔者有位在银行工作的客户，在其银行卡微信服务端消费提醒处推荐不同的活动商品信息，用来吸引用户点击，从而增加活动商品的销售量。而想要实现活动商品的购买，需要先点击此推送消息跳转到活动的 H5 界面，点击界面上的活动海报跳转到应用市场下载相应 App，打开 App 进行一系列登录操作后在首页找到活动专区，点击商品完成购买。显而易见的是，无论个性化推送消息推荐的有多吸引人、目标客户有多精准，最后商品购买的指标基本不会有任何的波动。因为路径太长，影响最终指标的因素太多，流量的漏斗到底部的时候已经非常小。因此，我们不能拿非直接作用的指标进行考核。

二、不同场景的测试指标

在电商场景中，我们制定指标考核标准，要结合具体的使用场景来具体问题具体制定。不同电商场景的用户需求、习惯不同，需要用不同的指标反映推荐所带来的商业价值。例如 to B 电商场景是典型的"专业的人传递专业信息给专业的用户"的信息传递方式。来到 to B 平台的都是具备强需求的用户，不会有太多的像 C 端平台用户"逛来逛去"，不知道自己需求是什么的操作路径。因此，用户在平台的使用需求是越快、越少路径找到合适商品，并完成询单/下单，所以询单/下单转化率的好坏直接反映推荐效果的好坏，也直接影响平台的商业价值。

而售卖保险产品的保险电商场景则与 to B 场景有很大的不同。一般来说，除了经过专业培训的保险经纪人以外，很少有人能清晰地知道每个险种的作用，况且每家公司的保险产品各有不同，即使是同样的险种也会有不同产品可以选择，而用户对这些信息几乎是一无所知。保险电商场景属于"专业的人传递专业的信息至不专业的人"，用户在保险平台的操作路径更多是反复地比较选择，因此推荐的主要作用是帮助用户尽可能地了解清楚某类险种的情况，而后才是下单。在此场景，判断推荐好与坏的标准是：用户的平均行为数而非订单转化率。测试指标为了尽可能的客观，通常的方式是设立实验组和对照组，通过流量分配的方式进行 AB Test 获得对比数据。下面举几个场景的例子供大家参考：

（1）首页猜你喜欢（信息流商品）版块。首页是用户流量最大的版块，也是用户订单转化路径最短的版块，规避了 AB Test 过程中，不同用户的不同浏览路径，因此在此版块使用订单转化率作为考核指标相对比较合适。有很多朋友在此版块往往倾向使用 CTR 作为考核标准,但 CTR 统计无法反映用户的真实兴趣度。举例:每次取 10 条商品的情况下,一个用户取了 2 次结果,点了 2 个商品,CTR 为 10%;一个用户取了 5 次,点了 4 个商品,CTR 为 8%。显而易见的是,用户点了 4 个商品的情况会产生更大的商业价值,但反映在 CTR 指标上是少于前者。CTR 指标隐含的假设条件是每个用户的翻页数量是相同的、一定的,而这在真实的业务场景下不会发生。推荐系统的另一个重要作用就是不断地吸引用户看更多商品,留住用户的停留时间。翻页数不仅不应当作为限定条件,更要成为提升的作用之一。因此,在猜你喜欢(信息流商品)场景下 CTR 无法反映推荐系统的实际能力,过度重视这个指标会对业务优化方向产生偏差。

(2)商品详情页版块。商品详情页推荐位多数情况下不存在翻页、刷新的情况,推荐的商品符合用户的期待,那么用户就会产生更多的点击行为;反之,此种情况下推荐商品的数量是恒定的,因此适合使用 CTR 作为统计指标衡量推荐效果的好坏。

(3)活动专区推荐。活动专区推荐与商品详情页推荐有相似之处,虽然下滑刷新会使活动专区商品发生变化,但用户操作路径是在具体活动页面里去寻找不同分类的商品,而不是频繁下滑刷新。因此,活动推荐商品的数量会保持相对的稳定,所以此处也适用 CTR 作为统计指标衡量推荐效果的好坏。

在很多情况下,运营人员无法对具体版块的统计指标统计得这么详细。笔者见过很多朋友,整体平台上线后还远没有实现如此精细化运营的需求和能力,往往都只能统计几个比较常规的数字,如 UV、PV、转化率等。在这种情况下,我们可以控制某场景上线推荐作为平台内唯一的变量,进行综合的数据统计对比。例如在猜你喜欢的版块上线了推荐,其他任何地方都没有上线推荐，那么上线推荐就是这个平台的唯一变量，然后观察整体平台的数据是否产生变化。

综合的推荐数据无法反映具体指标的变化，因此建议将推荐用户平均黏性指标作为效果验证评估标准，推荐用户平均黏性 = 推荐用户行为量/推荐用户。用户行为为点击、收藏、加购、立即下单、分享等自定义的可以反映用户兴趣度的行为。在推荐用户数恒定的情况下，推荐用户行为数（点击、加购、立即下单、收藏等）越多，对用户的兴趣描述越完整，概率反映也就更完整。

第四节⊙搜索也要个性化

据笔者服务过的客户情况来看，电商场景中（无论是 to B、to C），搜索所带来的直接订单转化一般占平台内总订单的 40% 以上。这意味着，搜索场景在很多情况下其实是单一场景下流量最大的版块，对更好的搜索效果的持续追求自然是运营人员的重中之重。

一、电商平台搜索的四个时期

基于笔者的理解，将电商 App 平台的搜索简单归结为四个时期：

（1）应用的前期。关键词搜索，基于主副标题的关键词搜索。

（2）应用的发展期。全文搜索，搜索范围由标题扩展到全文甚至不同类别的信息。例如搜索"旅行箱"，不仅能搜索到商品旅行箱，还能搜索到跟旅行箱相关的活动。再如搜索"口红"，不仅能搜索到口红商品，还能搜索到网红分享的口红直播、文章等。一般随之优化的还有拼音搜索、纠错、词条联想、热门搜索词等。

（3）应用的成熟期。搜索排名优化。在全文进行搜索之后，一般来说，Elasticsearch 按照关键词的匹配做分值的排序。App 可以根据自己的业务需求，来进行排序规则的设置。例如入驻式电商平台会有很多卖家入驻，卖家之间会形成竞争关系，哪家的产品被优先搜索出来事关每个商家的利益。不同的商家信誉、商品质量、商品销量不同，甚至有商家进行付费推广，因此就可以根据商品相关的属性以及商家相关的属性进行排序。

例如商品的属性，有销售额、下单量、退货率、转化率、折扣、价格、上线的日期、适合的季节、pv、浏览的停留时间、库存等。再如商家的属性，有 pv、uv、关注数、图片的质量和数量、销量、销售额、转化率、专柜动态、退货率、客单价、复购率、im 在线时间、im 响应时间、发货的速度等。根据这些属性，系统就可以针对搜索匹配的商品进行排序了。

（4）应用的创新期：个性化搜索。搜索和推荐从本质上来说，都是排序问题，排序问题的自然属性是顺序有前有后。在商品数量和信息量大的情况下，不可避免地会产生马太效应。一件商品排在前面可能并不是因为商品质量、价格、服务态度等真的比其他家同样的商品要好很多，只是因为在用户有限的选择时间内刚好看见了这件商品。如果按照质量、销量等商品属性和商家属性进行排序，仍然会产生头部效应，仍然会有大量本身很不错的商品曝光不出来，搜索分发存在着天然的不公平性。对于用户来说，不同用户对商品的选择、考虑的维度是多样的，而几个关键词的组合显然不容易将这些维度表达充分。用户的历史行为积攒了大量物品的画像信息，包括但不限于属性、参数、价格、详情描述等，这些画像信息的综合显然比几个关键词的组合对物品的刻画要丰满得多。因此，结合用户历史行为数据的个性化搜索会提高用户搜索商品的效率。

二、实现个性化搜索

个性化搜索指的是用户的搜索结果会因其行为特征及兴趣爱好不同，产生不同的结果排序。搜索实现个性化的目的是通过计算用户的历史行为数据与商品信息之间的契合度，影响搜索结果的排序，从而帮助用户更快更精准地找到可能喜欢的商品。

举个极端点的例子：用户 A 喜欢纯牛皮复古风的高帮马丁靴，而且目标价位在 600 ~ 800 元。用户在平台内曾经浏览、收藏过多双符合要求的鞋子，那么用户在搜索界面搜索"高帮马丁靴"时，会有多双符合其心理预期的高帮马丁靴排在搜索结果靠前的位置，而不会依然有与目标价位相差较大的革制或者朋克风的马丁靴排在结果的前列。

目前，实现个性化搜索的方案有很多种，但被各大厂家所认可的是个性化权重排序方案。这种方式通过对用户行为数据的计算，生成一个作用于原始搜索排序列表的权重，作为增加个性化参数的修正方案，而不改变其他特征的计算，从而对原始搜索排序列表产生个性化再排序的效果。

在行为数据的计算方面，系统主要从三个维度进行个性化，分别是用户的历史行为、价格偏好以及商品属性的语义相似计算，三者同时作用并影响商品权重的实现方案，具体的实现过程我们以举例子的方式介绍。当用户搜索"LA MER 面膜"时，会生成一个原始的商品排序列表。如表 4 - 1 所示。

表 4-1 商品排序列表

序号	搜索结果	原始权重
1	LA MER 海蓝之谜精华面膜补水滋润舒缓（价格：2250 元）	1
2	LA MER 海蓝之谜**抗过敏**精华面膜 75ml（价格：1250 元）	0.9
3	LA MER 海蓝之谜修护精萃沁润面膜**保湿**（价格：1470 元）	0.8
4	LA MER 海蓝之谜提升**紧致**精华面膜 50ml 睡眠（价格：1366 元）	0.7
5	LA MER 海蓝之谜**祛痘**精华面膜 50ml 修复（价格：2550 元）	0.6
……	……	……

搜索词 "LA MER 面膜" 分别与原始排序列表的商品信息在分词、向量化后进行两两的语义相似度计算。我们假设 1~5 商品分别得到了语义权重的结果是 0.8、0.6、0.9、0.85、0.75，那么语义权重乘原始排序权重产生了新的排序结果和权重。如表 4-2 所示。

表 4-2 新的排序结果和权重

序号	搜索结果	1 阶段融合权重
1	LA MER 海蓝之谜精华面膜补水滋润舒缓（价格：2250 元）	0.8
2	LA MER 海蓝之谜修护精萃沁润面膜**保湿**（价格：1470 元）	0.72
3	LA MER 海蓝之谜提升**紧致**精华面膜 50ml 睡眠（价格：1366 元）	0.595
4	LA MER 海蓝之谜**抗过敏**精华面膜 75ml（价格：1250 元）	0.54
5	LA MER 海蓝之谜**祛痘**精华面膜 50ml 修复（价格：2550 元）	0.45
……	……	……

这是基于搜索词与原搜索结果语义相似度重排后的结果与顺

序。在搜索之前，用户还曾对"抗过敏面膜""抗过敏面霜""祛痘祛黑头洗面奶"发生过行为，即用户的词袋里面包含"抗过敏面膜、抗过敏面霜、祛痘祛黑头洗面奶"这些词（实际情况包含的商品信息不仅是标题，还有属性、参数、详情描述等丰富得多的文本信息）。那么，这个用户词袋里的文本信息又将分别与语义排序的结果进行语义相似度计算，我们假设权重分别是 0.6、0.7、0.75、0.95、0.9，从而又将产生一个新的排序列表。如表 4-3 所示。

表 4-3　新的排序列表

序号	搜索结果	2 阶段融合权重
1	LA MER 海蓝之谜**抗过敏**精华面膜 75ml（价格：1250 元）	0.513
2	LA MER 海蓝之谜修护精萃沁润面膜**保湿**（价格：1470 元）	0.504
3	LA MER 海蓝之谜精华面膜**补水**滋润舒缓（价格：2250 元）	0.48
4	LA MER 海蓝之谜提升**紧致**精华面膜 50ml 睡眠（价格：1366 元）	0.446
5	LA MER 海蓝之谜**祛痘**精华面膜 50ml 修复（价格：2550 元）	0.405
……	……	……

当然，计算用户行为权重时不仅有行为数据语义相似度的计算，还包含用户的行为权重（如点击是 1、加购是 1.75、立即下单是 0.1 等）、时间权重（最新行为的权重值与之前行为的权重值是递减的）等，我们本次姑且不考虑。系统针对用户在化妆品品类的历史购买商品金额也会建立相应的消费能力模型，模型也会针对每项列表里的商品产生消费能力权重从而影响排序。除此之外，在搜索上往往各家会制定相应的运营规则进行干预，这些

运营规则会改变不同商品、不同的权重，从而影响商品排序。例如 to B 电商平台中有会员商家和免费商家的概念，会员商家的商品会有天然的加权属性，那么在搜索时，这个加权值也会作用到整体的搜索排序中。再如几乎每家自营电商都存在流量款、爆款、利润款等商品属性，不同属性商品的权重自然也是不同的。

以上是通过个性化权重的方式实现个性化搜索的简要示例，我们总结一下会有几个权重值影响最终的搜索结果顺序：**搜索词语义权重、用户行为权重、消费能力权重、运营规则权重**。值得注意的是，搜索的前提是准确，其次才是反映用户的历史行为，因此不提倡使用纯语义搜索。要保证用户可以第一时间准确地找到所描述的商品（或者品类），再解决如何缩短用户找到合适的、喜欢的商品的时间和翻页次数的问题。举例：用户搜索口红的时候就出来口红，如果使用纯语义搜索会出现，用户搜索口红，但因为唇膏与口红语义上非常接近就推荐给用户唇膏。因此，在个性化搜索中，通过个性化权重的方式影响搜索后的商品排序，而其他特征计算保持不变效果较好。随着业务需求的调整，增减权重维度和各维度权重值，也具备较高的灵活性。

第五节⊙实时喜好与长期兴趣

很多行业外人士对于推荐系统的认识来源于淘宝和今日头条，认为推荐系统就是"我看了什么就给我推荐什么"，实际上不仅不是这么简单，而且电商跟资讯推荐就有很大的差异性。在推荐领域没有一招通吃的固定模板，相反，只有针对业务场景设计推荐策略并不断优化调整，才会取得预期的效果。这一节，我们重点来讲一下电商推荐的特殊性。

整个推荐系统的运转过程，可以大致归为：行为收集、算法计算、召回排序和结果展示。从最基础的行为收集开始，电商与资讯就有些许不同。

一、电商的行为收集特殊性

为了准确地表达用户对某些商品的兴趣度，常规的行为我们需要上报，如点击、分享、点赞、收藏、加购、立即下单等，而且每个行为都有自己的权重来表示不同行为的不同重要性程度。我们经常会有这么一个体验，在电商平台上下单了一个电脑桌，当买完之后下次登录时发现，依然还有电脑桌会推荐给我们，我们都已经买过了，系统为什么还总是把买过的商品推荐给我们？在笔者看来，出现这个问题的主要原因是"立即下单"这个行为没有进行降权。

在真实的电商场景中，用户购买过的商品必然对用户的吸引力已经降低，用户的需求已经被满足。此时，对"立即下单"这个行为应当进行降权处理，在计算的推荐列表中，不仅"立即下单"的商品不会再出现在列表中，跟此商品语义相近的商品也会降权至有较低概率才会再次出现在用户近期的推荐列表中。"立即下单"成了一个表达用户兴趣度的负向行为。如图4-8所示。

# ▲	行为名称 ▲	行为编码 ▲	所属应用 ▲	数据类型 ▲	行为权重 ▲	编辑	暂停/开启
1.	浏览商品 (pc)		商城PC端	商品	1.00	编辑	暂停
2.	加入购物车 (pc)		商城PC端	商品	1.30	编辑	暂停
3.	立即购买 (pc)		商城PC端	商品	0.10	编辑	暂停
4.	收藏商品 (pc)		商城PC端	商品	1.30	编辑	暂停
5.	分享商品 (pc)		商城PC端	商品	1.50	编辑	暂停

图4-8　计算的推荐列表

在数据上报中，除了用户的行为数据上传，系统还需要物料类的数据。而电商场景中的物料类数据相比资讯类仅有的标题、正文、作者等显然要丰富得多，商品的属性、参数、详情页、厂家地址、价格、规格等都需上报，其中价格要用来生成消费力模型，规格用来过滤推荐列表里有相同商品但是规格不同的情况。

除此之外，经常有电商行业的客户提及是否可以将搜索词作为用户行为之一，笔者对此一般比较反对。理由是：如果一个用户在搜索栏上输入了某个搜索词，但用户浏览了部分搜索结果，一个结果都没点击，那么说明用户本身对搜索结果是不满意的。有可能是搜索词描述的不合适，也有可能是没有匹配的商品，无论怎么说，此搜索词都不是一个能比较准确表达用户真实兴趣的词汇。如果用户点击了搜索出来的结果，那么此点击行为已被上报到系统，点击的商品所包含的信息能更全面地反映用户真实的兴趣。这种情况下，搜索词就更没有必要作为行为进行上报了。业外人士认知的"搜索什么推荐什么"其实不太准确，更准确的是"搜索之后点击什么推荐什么"。

二、召回、排序的特殊性

在这里需要先解释召回和排序的含义。

召回：用成本低、易实现、速度快的模型（如协同过滤）进行初步筛选，如从海量的物料库里先筛选出几千条符合条件的物料，交给排序环节。

排序：用更全面的数据、更精细的特征、更复杂的模型进行精挑细选，如从几千条物料里面筛出几百个权重由大到小的结果，算法计算就包含在这两个层面中。

召回强调的是"快"，而排序强调的是"准"。在一定意义上，排序是带有权重的召回过程，结果排序的权重大小决定了用户能看到哪些商品，先看到哪些商品。

如果要将召回和排序进行细分，则是：召回—粗排—精排—重排。召回到精排主要通过各种算法模型实现，而重排完的结果要展示给前端，因此一般还需要结合业务策略、已读、去重、打散、多样化、固定穿插，等等。如图4-9所示。

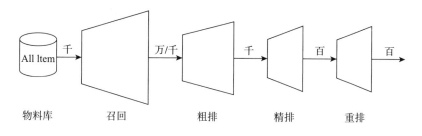

图4-9 细分的召回和排序过程

举个例子：系统物料池里有100万个商品，要给前端返回1000个商品，这个筛选结果的过程就叫召回，而排序则是召回的依据。算法计算存在于召回过程中，当多算法模型计算完之后，会产生一个带有权重的候选结果集列表，产生列表的过程系统进行了一次召回。前端调用推荐结果是按照结果列表的权重由高到低从候选结果中取（排序），可能一次只取 200 条储存于缓存中，那么从候选结果列表到筛选 200 条的过程又完成一次召回。

我们大致了解了召回和排序的概念，来讲一下电商场景的召回与其他场景有哪些不同。

我们之前有阐述过一个理念：系统的存在都是为了解决某些问题。我们在电商运营中会发现以下现象。

1. 电商场景中融合模型的语义权重将会调整的较为高一些

通常，在资讯场景中，为了避免让用户越看越窄、陷入信息茧房，信息流推荐会采用语义模型和用户协同模型融合的方式，并随着用户行为数据的积累逐渐调整用户协同模型所推荐结果的权重。

但在电商场景中，除了少数 App 像淘宝、拼多多已经帮助用户养成了无目的"逛"的习惯，大多数平台的用户登录 App 时，目的比较明确，就是找到自己需要的商品。此时，如何帮助用户快速地定位需求显得格外重要。你的平台无法在短时间内让用户发现自己需要的商品，那么用户很有可能会到其他平台或者综合性平台如淘宝去购买。因此，在电商场景中融合模型的语义权重将会调整的较为高一些，目的就是在用户浏览完 1~2 个商品后立刻就会有相关商品出现在商品信息流中，让用户多看几个相关商品，多比较，辅助用户进行决策。这也要求系统具备快速计算出新的推荐结果的能力。

2. 每个用户在购买商品时的购买能力是不同的

要向用户推荐符合其购买能力的商品。传统的解决方法是通过所谓的用户画像根据用户购买过的商品价格，打上高净值、低净值等标签，将不同商品归类到不同净值，再推荐给用户。过程中会出现以下两个问题：

（1）以人的经验判断哪些商品属于哪类群体本身是武断的，就好像部分没有收入的大学生省吃俭用都会买1万元的苹果手机，而此类群体本身就是低净值群体。

（2）不同用户对不同品类的商品有不同的消费能力，没有收入的大学生平时买的衣服就是几百块钱，但仍然会选择购买1万元的苹果手机，在其他品类商品的行为不能作为判断其是否有能力购买另外品类商品的依据。

为了解决向不同消费能力的用户推荐不同的商品，推荐系统在召回阶段引入消费力模型。消费力模型会计算用户在某个品类的平均消费价格，距离这个价格最近的候选结果的集中商品的权重就越高；反之，距离越远的商品的权重就越低。消费力模型会为每个商品提供一个消费力权重，参与推荐列表的排序。消费力模型会收集用户所发生行为（不仅是购买，还有点击、分享等）的商品的品类、价格，计算用户在每个品类下的消费力权重。消费力模型会随着用户行为的发生不断更新，粒度至分类，从而解决上述两个问题，实现为不同购买能力的用户推荐不同的商品。

3. 用户购买不同的商品有不同的复购周期

举个例子：洗发水作为快消品，用户可能每个月就会集中采购一次，而沙发作为家具，用户可能隔几年才会购买一次。当用户购买完洗发水之后，与洗发水语义相似的商品被降权至一段时间低概率曝光，而这个时间的长短肯定要与家具是不同的。这个时候，我们需要处理的是购买后降权的时间有效期。将商品分类的复购周期上报至系统后，系统会在复购周期的前N天开始提高购买后商品的权重至复购周期的后N天，提醒用户这类商品可能又需要购买了，在加权期结束后这类商品的权重会恢复到初始权重，而且，因为用户购买而被系统去权重的商品将会被召回物料池再进行计算推荐。

4. 推荐位可能推荐 0 库存的无效商品

如果运营人员没有对 0 库存商品进行手动下架，那么模型更新完一次后，0 库存商品才会被剥离出推荐物料池，以 2000 万 SKU 来计算，模型更新一次的时间会在 1 个小时以上，在这 1 个多小时内，推荐位很有可能推荐无效商品。当低库存商品被推荐出来时，可能面临缺货的问题。针对此问题，在召回权重体系中引入库存惩罚因子。当库存低于一定阈值的时候，进行硬降权，当再低的时候直接进行屏蔽，避免超卖和推荐出不可售卖的商品。

5. 用户可能误点击了几个商品，商品信息流里推荐出来的商品并不符合自己的需求

如果用户想再了解其他的商品只能通过其他入口如搜索再去查找，不会再去浏览商品信息流的推荐位。为了解决推荐出来的商品用户不喜欢这个问题，我们引入了用户行为实时反馈机制。用户实时反馈机制即用户对前端推荐的商品没有发生任何行为，那么被推荐到前端的商品及其相似商品就会按照一定的权重进行降权，再次参与下一次新结果生成的排序中。有了用户行为实时反馈机制的推荐体验时，当用户发现对推荐的商品并不是很喜欢，那么用户上拉刷新几页后，不喜欢的商品就会被用户更早或者最新的兴趣商品所代替。

总结一下电商场景下召回阶段的特殊性，这个阶段分别引入了消费力模型、复购周期机制、库存惩罚机制和用户行为实时反馈机制，此阶段作用到候选结果集的权重排序，从而对最终的推

荐列表产生干预，更好地满足电商场景下用户的推荐需求。

三、结果展示层的特殊性

电商 to C 平台是典型的"专业的人传递专业的信息给不专业的人"的场景，其与 to B 平台的区别是：to B 平台的用户需求较为单一，在一段时间内往往是有明确的采购需求，很少会有发散的需求或者闲逛的需求；而 to C 平台的用户的需求相对 B 端没有那么明确和固定，用户的兴趣也在实时变化，在购买自己目标商品的同时也会在逛的过程中产生临时需求，且购物的目标相比 to B 平台也会更为分散，种类更多。

在 to C 平台中，一个用户在 3 天前浏览过化妆品，1 小时前浏览过女装，当前正在浏览高跟鞋，如果计算当前用户行为，那么很大概率，商品信息流中会有大量的高跟鞋被密集地推荐出来。此种情况虽然有利于快速聚焦用户的当前需求，却忽略了用户的其他购物需求，效果并不好，缺少对用户需求的全局认知。

因此，**针对这种现象，在推荐列表的返回时，会考虑组合商品集合的返回而不仅是结果序列的返回。**也就是针对用户，系统会从候选集合中，选出 n 个商品组成集合 K，同时选中的商品之间需要满足既定的约束（类目打散）来保证推荐体验，推荐列表则是由 n 个集合 K 组成的。

举个例子：原先在商品信息流中会推荐 50 个互不考虑关联的商品，而通过商品集合返回的形式，会返回 10 个由 5 个不同品类商品组成的集合，每个集合的品类被打散，所以同品类的商品不会集中密集地在一起进行推荐。**从推荐"用户最有可能感兴趣的商品"变成推荐"用户最感兴趣的不同品类的商品"，**从而实现兼顾用户的全局需求的目标。

　　总而言之，我们分别从行为收集、算法计算、召回排序和结果展示四个方面讲了电商场景推荐的不同，当然，这只是通用电商场景层面上的不同而已。电商场景发展到现在，各种商业模式层出不穷，推荐系统在不同商业模式的实现方式必然各不相同，例如在电商场景中，外卖场景会将 LBS、餐品时间等因子参与模型计算中，因此我们还是"具体问题具体分析"。

第六节⊙个性化 push

在 App 运营场景中,有一项功能,它是 App 提供服务不可分割的部分,承担了重要的运营使命,但常常不被运营者所重视,每次进入大众视野,往往都是因为一次次的"事故"。如图 4 – 10 所示。

图 4 – 10　腾讯视频的 puse 信息

对,这个功能就是 push。前段时间,腾讯视频的 push 信息可谓是火爆全网,包括笔者在内的众多山东人对腾讯视频表示极大的愤慨,"不给会员这事就不算完"。那么,push 的价值是什么,该如何提升 push 的打开率呢?

一、push 消息的定义、分类和作用

(1) push 是指 App 定向将信息实时送达至用户的手机界面,通过信息推送提醒、服务,主动与用户发起交互,用户点击信息便可跳转到信息所导向的落地页上。

（2）push 所推送的消息按照 App 性质大致可以划分为两类，即 IM 类和非 IM 类。对于 IM 类来说，push 的重点不是服务的提醒，而是日常信息的互动，例如我们常用的微信、钉钉等，我们收到的 push 信息往往是某个好友发来的信息。非 IM 类 App 的 push 是我们关注的重点，按照消息类别一般可以分为以下几类：

①产品推荐。如电商平台所推送的商品。

②活动推荐。如电商平台所推送的满减、大促、优惠券等活动。

③资讯推荐。如新闻资讯、视频、音乐等推荐。

④服务推荐。如银行卡消费信息通知、系统更新通知、物流发货信息等。

3. 为什么非 IM 类 App 要做 push 推送

push 是运营方重要的运营手段，同时也是 App 与用户互动最直接的桥梁，通过活动、产品等的 push 推送，吸引用户回流到 App。对于活跃用户来说，push 推送能保证用户不漏掉重要信息；对于沉默用户来说，合适的 push 推送能有效激活老用户，进而提高 App 的 DAU 以及用户的平均黏性。

但是，push 推送是把双刃剑。运用得好可以有效地提升各项数据指标，运营得不好则会对用户产生骚扰，用户则会无情地卸载你的 App。在数据层面上衡量 push 推送好与不好的指标有打开率、转化率、关闭消息推送权限的用户量及卸载率等，其中最为核心的指标为打开率。

二、如何提高 push 推送的打开率

我们常说，养用户就像谈恋爱，持续的运营就是让这份恋爱更健康更甜蜜。谈恋爱则要在"一切都是为你好"的指导思想下让用户感觉到你重视她，她是你的唯一。而"为你好"要讲究方

式方法，不是你以你认为的方式对她好，她就真的能感受到你的用心，关键是对方认可并接受你的方式。就好像你的女朋友因为生理期需要你的关心，你不能只说"多喝热水"一样。

那么，push 推送要讲究怎样的方式方法呢?

简单来说，就是"合适的时机做合适的事"，展开来说则是，在**"合适的地点、合适的时间，以合适的频率和适当的包装告诉用户，我推送的这条消息你肯定需要"**。显然，我们拿不出一套满足所有用户这 5 个"合适"的方案，但我们还想让用户感受到是唯一性，这时候就只能通过云暖男——个性化 push 来实现了。

个性化 push 作为个性化推荐的场景之一，想要实现必然要具备一套推荐系统，但其推荐方式与 Feed 流推荐有些许不同。Feed 流一次推荐一般来说都是推荐 N 个内容，以每次推荐 10 条来说，如果其中有 5~6 条内容用户都点击了，说明用户对推荐的内容颇为满意。但个性化 push 每次推送的内容仅为 1 条，虽然有应用尝试过一条内容里含多条信息的取巧方式，但具体效果怎样不得而知。如图 4–11 所示。

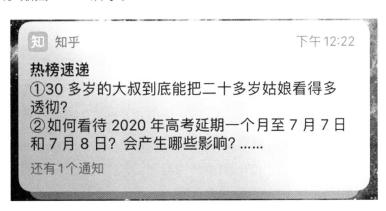

图 4–11　知乎的 push 推送

几乎所有的推荐系统的推荐内容的来源都是全量的物料数

据，但是 push 推送作为应用与用户的主动互动，在用户认知里，推送的消息一定是重要的。大型的平台物料池里可能有上千万的物料，并不是每一个物料均能达到推送的标准，因此 push 推送的物料需要经过人工筛选加机器筛选，从全量物料中筛选出优质物料，放到推送的物料池中，并且物料池要实时更新与用户的互动特征。如图 4 – 12 所示。

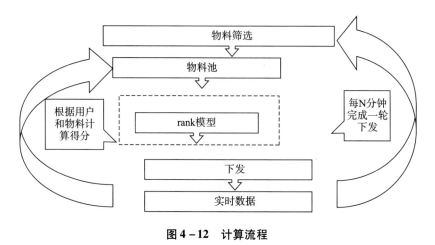

图 4 – 12　计算流程

那么，下一步如何才能将优质的内容推荐给感兴趣的用户呢？算法模型的计算。

其实，整个计算的过程跟前面所述的推荐计算过程并无二致。在电商场景中，每个用户对应一个实时的推荐列表，那么权重最高的商品即为推送给用户的商品。而像优惠券、满减之类的活动大多依赖用户协同模型的推荐，将优惠券当作物料之一，将用户领取作为用户的行为，在用户领取几张优惠券之后，就可以根据与当前用户最相似的用户群体所领取的优惠券再推荐给当前用户。

商品、新闻资讯、视频等 push 系统都可以直接拿来推送，因为这些数据类型在上报时大多都具有一些有吸引力的标题，像满减之类的活动，则可以让运营人员预先设置好一些固定话语，再将活动穿插进去即可。用户打不打开推送的 push,虽然与这条 push 是否需要正相关,但人都是视觉动物,都是有好奇心的,怎么利用用户对 push 的一瞥就抓住用户的注意力,让用户忍不住地想点击链接,则是一门学问,都是需要运营不断在试错中摸索的。

推荐系统返回给服务器该 push 的内容后,push 系统下一步要做的工作就是将这些内容通过各种渠道(信鸽、友盟、个推、手机厂商通道等),具体发送过程在此不再赘述。但发送过程中,有两点需要注意:推送时间和推送频率。

推送时间相对来说比较好处理一些,调一下每个用户最常登录应用的时间段,避开用户不愿被打扰的几个时间段,如深夜、下午 3 ~ 5 点工作时间等,基本就没什么问题。虽然很多用户的习惯是在睡觉之前甚至是深夜使用 App,但这并不代表用户同意你大晚上的"嘣嘣"地推送消息来打扰他休息。

而推送频率现在主要有两种处理方式:一种是机器学习模型处理;一种是人工规则的设置。在训练基于用户频次的训练集时,不同用户差异性非常大,高频用户沉淀了很多行为特征,而低频用户的行为则比较稀疏。如果把所有用户都放在一起训练,模型堆的模型则会把简单的问题复杂化。一般建议将用户按照活跃程度对推送频率的训练集进行拆分,可拆分为高频、中频、低频,分别去训练针对不同频率的模型,这样在模型训练时会简单也会更高效一些。

对于大多数平台来说,机器学习的效果并不一定合适,在用户行为特征较为稀疏、一个用户仅有几个数据点时去预测这个用户适合什么样的推送频率,这个试错成本相对较高,而人工规则虽然不够出彩,但基于运营人员积累的运营经验,至少不会犯错,也不会过分地打扰用户。毕竟,用户一旦被烦扰了,后果不是关闭推送就是卸载 App，这个代价还是有点大的。

在发送过程中，还有一些细节工作需要注意。例如，当用户没有新的用户行为时，取权重最高的内容推送给用户后，即使用户没有点击，也不能重复地推送相同的内容，要注意去权重，顺延着推荐列表取权重高的内容。

至此，每个用户都已经收到了来自应用方的个性化 push，但 push 推送成功后并不代表推荐系统的工作就已经结束了。推荐系统还需要对用户收到 push 推送后的行为进行收集，例如是否点击、是否在通知栏点击了关闭等。需要注意的是，在采集行为样本时，用户没有对推送内容进行点击并不代表用户不认可这条推送的内容。例如某些热点事件发生时，用户可能会同时收到多个平台推送的相同内容，可能因为在忙或是没时间看这些内容。这些行为特征都会重新进入推荐系统的排序模型中，经过 CTR 预估模型、推荐未点击降权等，对推荐结果列表进行重排和对物料进行实时特征更新，后验特征反馈到最终的物料池，整个个性化 push 推送才算完成一个完整的闭环。

总的来说，不同行业 App 的个性化 push 机制是不同的。跟个性化推荐一样的是，需要根据不同的业务场景制定不同的推荐策略和训练不同的算法模型。例如在社交产品的推荐中，还会融合用户关系模型。在短视频推荐中，还会将标签、主题词、关键词融合到语义模型中。同时，我们在 push 这个场景还可以泛化一下，个性化 push 中推荐系统提供的是个性化的内容列表，其本身是一个纯离线业务，所计算出来的内容列表是可以应用到更多的场景，例如 EDM 给客户发送电子邮件、给客户发送短信等离线业务场景。因此，具体场景具体分析具体制定个性化 push 的策略是在 push 推送中永不过时的指导方针。

第五章

风口上的文娱推荐
——智能推荐在文娱行业的应用

第一节⊙扎堆的短视频平台

2005 年，Yotube 平台在美国注册上线。随着 UGC 短视频生产开始兴起，我国的短视频也进入探索期，但大多数是以社会热点为主，主要是由优酷、土豆等综合类视频网站驱动。

从 2011 年开始，资本逐步地进入短视频行业，快手、美拍、秒拍等平台陆续上线，短视频内容呈现多元化、生活化。

2016 年，是短视频发展的元年，随着冰桶挑战赛的火热，短视频 App 进入爆发期，抖音、梨视频等短视频平台陆续上线，成为应用市场的"当红炸子鸡"。

2018 年年底，我国短视频用户达到 6.8 亿，网民使用率达 78.2%，成为除即时通信之外的第二大移动互联网市场。截至今天，短视频行业发展已经高度成熟，短视频用户规模也迎来了"刘易斯拐点"，短视频活跃用户的规模连续三个月环比下降，这标志着短视频行业同大多数移动互联网行业一样，由增量市场进入存量市场，保留存、提黏性已是现在短视频行业的重点。如图 5－1 所示。

此前短视频业态是创作者基于个体兴趣，依靠个体或者小团队生产制作内容，生产的稳定性、中长期规划能力、商业化能力欠缺。而今涌现了一批头部短视频公司，通过签约等形式和个体内容生产者/网红达成合作，系统地帮助他们解决运营推广、中长期规划以及商业化等工作，即新媒体创作人联盟形式（Multi Channel Network，简称 MCN）化。从专业 PGC 短视频制作团队，到电商产

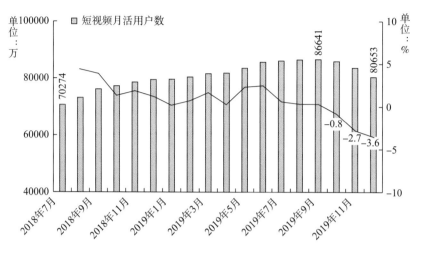

图 5-1 短视频活跃用户规模

品短视频展示，再到媒体平台的短视频频道，短视频行业已经从"短视频＋×"逐步地发展到"×＋短视频"，短视频已经从平台开始向各个领域蔓延，垂直领域成为短视频的突破点。如图 5-2 所示。

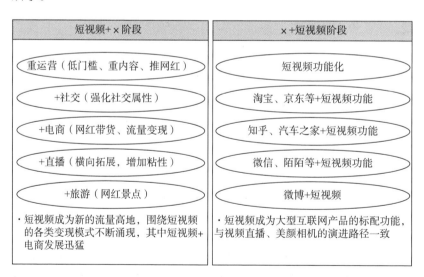

图 5-2 垂直领域成为短视频的突破点

随着垂直化、专业化内容的不断涌现，短视频将面向更加细分的用户群体。据有关数据统计，短视频平台平均每个用户每分钟会浏览 7 个左右的视频，用户对视频的容纳度并不高，这就要求短视频平台在很短的时间内挖掘出用户的兴趣，此时精准的个性化推荐将承担更重要的角色。

短视频的个性化推荐主要分为兴趣个性化和地域推荐，后者是依据用户的地理位置信息作为推荐依据。从理论上讲，离当前用户物理距离最近的用户所发布的视频会被优先看到。此外，短视频平台还有基于共同兴趣的好友推荐，以帮助用户建立更多的社交关系，发现更多感兴趣的内容，从而让短视频平台获得更高的用户忠诚度和用户黏性。

一、兴趣个性化推荐

短视频主要有以抖音、快手为代表的内容原创平台和以淘宝、今日头条为代表的垂直平台，短视频的推荐算法与资讯大同小异，短视频能够提取的文本特征往往只是标题一句话，其大多是自动播放，这就要求在语义模型建模和用户行为收集时要针对此种特征有所调整。

我们之前阐述过，用户行为数据上报至推荐系统的算法层，经过多种算法，如经过语义分析算法和用户协同算法的计算后会生成候选推荐结果集，再经由结果层的处理生成最终的推荐结果。算法层必不可少的模型为语义模型，用来进行文本的计算和特征抽取。那么，在推荐系统中效果比较不错的语义算法有哪些呢？

主要有 LDA 和 Doc2vec、LSI，分别适用不同的文本长度和类型。

隐含狄利克雷分布（Latent Dirichlet Allocation，简称 LDA）

是一种概率主题模型。它可以将文档集中每篇文档的主题以概率
分布的形式给出，从而通过分析一些文档抽取出它们的主题（分
布）后，便可以根据主题（分布）进行主题聚类或文本分类。同
时，它是一种典型的词袋模型，即一篇文档是由一组词构成，词
与词之间没有先后顺序关系。一篇文档可以包含多个主题，文档
中每一个词都由其中的一个主题生成。

人类是怎么写作的呢？LDA 的三位作者在原始论文中给了一
个简单的例子。例如，假设事先给定了几个主题，如 Arts、Budg-
ets、Children、Education，然后通过学习训练，获取每个主题
Topic对应的词语。如图 5 - 3 所示。

"Arts"	"Budgets"	"Children"	"Education"
NEW	MILLION	CHILDREN	SCHOOL
FILM	TAX	WOMEN	STUDENTS
SHOW	PROGRAM	PEOPLE	SCHOOLS
MUSIC	BUDGET	CHILD	EDUCATION
MOVIE	BILLION	YEARS	TEACHERS
PLAY	FEDERAL	FAMILIES	HIGH
MUSICAL	YEAR	WORK	PUBLIC
BEST	SPENDING	PARENTS	TEACHER
ACTOR	NEW	SAYS	BENNETT
FIRST	STATE	FAMILY	MANIGAT
YORK	PLAN	WELFARE	NAMPHY
OPERA	MONEY	MEN	STATE
THEATER	PROGRAMS	PERCENT	PRESIDENT
ACTRESS	GOVERNMENT	CARE	ELEMENTARY
LOVE	CONGRESS	LIFE	HAITI

图 5 - 3　主题对应的词语

然后以一定的概率选取上述某个主题，再以一定的概率选取
那个主题下的某个单词，不断地重复这两步，最终生成如图 5 - 4
所示的一篇文章。（其中不同粗细的词语分别对应图 5 - 3 中不同
主题下的词语）如图 5 - 4 所示。

我们在看到一篇文章后，往往喜欢推测这篇文章是如何写成
的，我们可能会认为作者先确定这篇文章的几个主题，然后围绕
这几个主题遣词造句，表达成文。

The William Randolph Hearst Foundation will give \$1.25 million to Lincoln Center, Metropolitan Opera Co., New York Philharmonic and Juilliard School. "Our board felt that we had a real opportunity to make a mark on the future of the performing arts with these grants an act every bit as important as our traditional areas of support in health, medical research, education and the social services," Hearst Foundation President Randolph A. Hearst said Monday in announcing the grants. Lincoln Center's share will be \$200,000 for its new building, which will house young artists and provide new public facilities. The Metropolitan Opera Co. and New York Philharmonic will receive \$400,000 each. The Juilliard School, where music and the performing arts are taught, will get \$250,000. The Hearst Foundation, a leading supporter of the Lincoln Center Consolidated Corporate Fund, will make its usual annual \$100,000 donation, too.

图 5 - 4 文章生成图

LDA 就是要干这事：根据给定的一篇文档，反推其主题分布。通俗来说，可以假定认为人类是根据上述文档生成过程写成了各种各样的文章，现在想让计算机利用 LDA 干一件事：让计算机给我推测分析网络上各篇文章分别都写了哪些主题，且各篇文章中各个主题出现的概率大小（主题分布）是什么。而这些主题该如何表达才能够让计算机识别呢？答案是：通过向量矩阵。把一段文本转成向量矩阵，这个向量矩阵里会包含各个角度主题的分布概率且能够被计算机识别。

Doc2vec 是 Google 的 Quoc Le 和 Tomas Mikolov 在 2014 年提出的一种非监督式算法，可以获得 sentences/paragraphs/documents 的向量表达，是 Word2vec 的拓展。Doc2vec 学出来的向量可以通过计算距离来找 sentences/paragraphs/documents 之间的相似性。当所有文档在一起训练时，就可以得到这篇文档内容里每个段落、句子的概率分布情况，之后再对整篇文档的主题概率进行修正，这样就得到最终的向量表达。

潜在语义索引（Latent Semantic Indexing，简称 LSI），即通过海量文献找出词汇之间的关系。潜在语义索引是一种用奇异值分解方法获得在文本中术语和概念之间关系的索引和获取方法。该方法的主要依据是在相同文章中的词语一般有类似的含义。该方法可以从一篇文章中提取术语关系，从而建立起主要概念内容。

LSI 的基本思想是文本中的词与词之间不是孤立的，存在着某种潜在的语义关系，通过对样本数据的统计分析，让机器自动挖掘这些潜在的语义关系，并把这些关系表示成计算机可以"理解"的模型。它可以消除词匹配过程中的同义和多义现象。它可以将传统的 VSM 降秩到一个低维的语义空间中，在该语义空间中计算文档的相似度等。虽然 LSI 有很多不足，例如 SVD 计算非常耗时，尤其进行词和文本数比较大的文本处理，对于这样的高维度矩阵做奇异值分解是非常难的。而对于处理一些规模较小的文本时，如果想快速粗粒度地找出一些主题分布的关系，则 LSI 是比较好的一个选择。

通过不断地实验和商业场景的验证，我们发现 LSI 在处理像短视频类的文字较短的文本时，性能更佳。而 LDA 和 Doc2vec 更适合长文本的语义建模，尤其是 Doc2vec 在处理短文本时效果偏差较大，其更适合 5000 字以上的如论文类、书籍类的长文本。因此，我们在短视频领域进行语义分析时往往选择的是 LSI 算法。

当然，无论何种算法，当文本太短时效果相比较长文本肯定是有一定的差距，这在短视频领域是常见的现象。例如一条"陈赫竟然和贾玲约会"的短视频，其内容是陈赫和贾玲共同出演了一个小品。但仅从文本的相似推荐，可能推荐出"陈赫离婚""陈赫约会""贾玲绯闻""约会中需要注意的事"等视频，而用户关注的可能仅仅是因为它是一个好笑的小品。因此，这种情况，有两种处理方法：

（1）将短视频的分类上报至系统，根据某一条短视频的语义推荐结果也只取固定分类的结果。例如系统返回了 10 条根据此短视频语义推荐的结果，其中 5 条是娱乐八卦、3 条是小品、2 条是生活常识，那么我们在召回层可以只召回来自小品分类的 3 条短视频。

（2）我们可以对短视频打上标签，例如"陈赫竟然和贾玲约会"，这一条我们可以打上"陈赫""贾玲""小品"的标签，另外一条"陈赫和贾玲同台搭档真精彩"，也同样可以打上这几个标签，标签随短视频的标题一同上报至系统，那么在系统的物料库里，"陈赫竟然和贾玲约会"这条物料的文本就有了"小品"等文字信息，那么在进行语义相似度计算时，同样拥有相似标签的相似标题短视频自然会更大概率地被曝光出来。

在进行用户行为上报时，短视频与电商、资讯有着明显区别的地方在于，短视频往往是自动播放，即不存在用户点击的行为。用户对于不感兴趣的短视频往往一滑而过，所以用户的浏览时长、浏览完成等指标成了重要的行为收集点。

二、人的个性化推荐

有个常识是：帮助用户拥有关系链，是提高用户黏性的必选题。短视频平台为了尽可能多地帮助用户建立关系链，往往会采取两种方式：好友推荐和可能感兴趣的人的推荐。

好友推荐，顾名思义，推荐的是已建立连接关系的用户，例如通信录好友和好友的好友。

可能感兴趣的人的推荐的基本原理是：推荐与当前用户有共性行为的用户。

举个例子：小王看过 3 条宝马汽车的视频、2 条王者荣耀的视频，小李看过 1 条奥迪汽车的视频、2 条汽车改装的视频，那么系统认为小李和小王之间存在着共性的行为特征，便认为小李是小王"可能感兴趣的人"。讲到这，读者可能觉得有点耳熟，对的，这就是近邻算法的产物。只不过在推荐视频、推荐资讯的时候，近邻算法计算得出的近邻用户被用作用户协同过滤的计算，是中间过程的产物。而在推荐人时，则可以直接把近邻算法计算出的近邻群体推荐给当前用户。现如今，短视频推荐与社交推荐早已融合在了一起，互为补充、互为流量入口。

总而言之，短视频已与各个垂直领域互相融合，由之前的"短视频＋"变成"＋短视频"；短视频迎来了"刘易斯拐点"，保留存、提黏性是当前重点；短视频的推荐算法与资讯大致相同，但在语义算法建模和用户行为上报上有针对性的差异；短视频领域也会用到基于人的关系的推荐，视频推荐与社交推荐互为补充，共同作用于提高用户黏性。

第二节⊙算法推荐白盒化

很多负责推荐系统质量监控的运营人员头疼得很，推荐算法是黑盒子，我们不知道推荐结果是如何计算出来、如何排序的，也不知道每个用户看到的是什么推荐结果，那领导让我们评测推荐系统的推荐质量我们该怎么操作呢？找几个测试的同事帮忙测试时发现，每个同事看到的结果都不同，毕竟是千人千面，况且测试同事看到的结果和实际用户看到的结果仍然不同，那该怎么去评测推荐结果的质量好坏呢？

为了更好地监督和评测推荐结果的质量，我们将每个用户的用户行为、推荐结果及推荐原因可视化，使每个用户的每条推荐结果都具备可解释性，运营人员通过随机抽样的方式判断推荐结果是否合理，为进一步推荐结果的优化和算法策略的调整提供理论依据。

下图是艾克斯智能的推荐管理后台，我们可以看到系统是实时收集了用户的行为，包括用户的 ID、所属的应用、数据类型、数据对象、行为和用户发生行为时的操作时间。如图 5 – 5 所示。

在点击某一用户的 ID 时，还可以纵览当前用户的所有行为。如图 5 – 6 所示。

图 5 – 7 为冷启动用户的推荐结果，我们可以看到其包含的信息有数据对象 ID、数据对象、权重、排序、分类 ID、分类名称和内容时间，每条数据对象文字后的数字代表的是人工干预的权重。这几个信息，也是推荐系统计算完推荐结果后所返回给服务

#	用户ID	所属应用	数据类型	数据对象	行为	操作时间
1.	8b0754a83a0a55fbafb00fa2abb93e31	赚钱小视频	视频	长期吃猪头肉,对身体是好还是坏?了解之后,再去吃也不晚! +菜谱(11415274)	小视频_浏览时长5S	2020-03-02 00:34:46
2.	29a8dc64abf99a241b282a43ed4b7a8f	赚钱小视频	视频	蘑菇这做法太好吃了,我家一周做6次,比吃肉还香,上桌就扫光! (12100914)	小视频_浏览时长5S	2020-03-02 00:34:44
3.	4c1e11c8d7dc42d17acd7e9008b0eb18	赚钱小视频	视频	脑梗多是吃出来的,医生告诫,是3种食物"葱的锅"+养生+饮食(9173852)	小视频_浏览时长5S	2020-03-02 00:34:44
4.	2c8934ff08ab3c7a428d74abb8ae4813	赚钱小视频	视频	两位大厨强强联手,用豆腐做出攘脚肠,评委惊是没吃出不对来! (12116044)	小视频_浏览时长5S	2020-03-02 00:34:43
5.	21f4296f14947cdf4043d1855f66bfa9	赚钱小视频	视频	女子进行不法交易,面对男子毫不羞定,大胆展示傲人身材! (12128785)	小视频_浏览时长5S	2020-03-02 00:34:42
6.	1dc5b3ab07d23862848338c26cedf08d	赚钱小视频	视频	大笑江湖:本山赵本山说英文够搞笑了,谁料旁边翻译的才是王者+赵本山(12008329)	小视频_浏览时长5S	2020-03-02 00:34:41
7.	29a8dc64abf99a241b282a43ed4b7a8f	赚钱小视频	视频	蘑菇这做法太好吃了,我家一周做6次,比吃肉还香,上桌扫光! (12100914)	小视频_分享	2020-03-02 00:34:40
8.	e6c76bb20e8afef44cff3601e445a2e	赚钱小视频	视频	最近凉皮火了,教你最简单的凉皮配方,不和面不洗面,劲道又好吃(12108447)	小视频_浏览时长5S	2020-03-02 00:34:39
9.	ab46278a34b74f5a688f2bb47934036f	赚钱小视频	视频	手上有个退烧穴,发烧时用力点按5分钟,出汗了,高烧容易退下来+妙招+告诉家里人(11462720)	小视频_浏览时长5S	2020-03-02 00:34:38
10.	0caef1fa627b3e5af603a0c0c7ff9e61a	赚钱小视频	视频	小品《嘉乐街》:贾玲和翟颖现场PK,女神和女汉子差距太大+贾玲(12064432)	小视频_浏览时长5S	2020-03-02 00:34:38
11.	ea5cb29777ef907b37338300ec08519b5	赚钱小视频	视频	广场舞DJ《小妹甜甜》歌甜舞美,步伐轻盈好看,原创可分解(12133833)	小视频_浏览时长5S	2020-03-02 00:34:38

图5-5　艾克斯智能的推荐管理后台

#	用户ID	所属应用	数据类型	数据对象	行为	操作时间
1.	e342b6f0f0102c2e03be6782957fd9da	赚钱小视频	视频	小伙看女孩漂亮,晚上进女孩房间,女孩被糟蹋了(12087833)	小视频_浏览时长5S	2020-03-02 00:34:16
2.	e342b6f0f0102c2e03be6782957fd9da	赚钱小视频	视频	老婆嫁丈夫没钱,高嫁后嫌煤老板,多年后偶遇却听老公即前夫总裁(12086780)	小视频_浏览时长5S	2020-03-01 22:38:24
3.	e342b6f0f0102c2e03be6782957fd9da	赚钱小视频	视频	45岁求职大叔情商颇高,拒绝企业家1万薪酬,反让其开心大笑(12112485)	小视频_浏览时长5S	2020-03-01 21:08:34
4.	e342b6f0f0102c2e03be6782957fd9da	赚钱小视频	视频	求职大叔场景再现,现场放言要"教育"专家,反获全场喝彩(12071716)	小视频_浏览时长5S	2020-03-01 20:59:48
5.	e342b6f0f0102c2e03be6782957fd9da	赚钱小视频	视频	45岁求职大叔情商颇高,拒绝企业家1万薪酬,反让其开心大笑(12112485)	小视频_浏览时长5S	2020-03-01 20:59:25
6.	e342b6f0f0102c2e03be6782957fd9da	赚钱小视频	视频	女人为什么比男人还要"好色"呢?无非是这三个原因,很现实(12126991)	小视频_浏览时长5S	2020-03-01 19:30:58
7.	e342b6f0f0102c2e03be6782957fd9da	赚钱小视频	视频	丈夫嫌妻子把爱离婚,多年后重子华脱蜕变,丈夫悔不当初(12091024)	小视频_浏览时长5S	2020-03-01 19:22:46
8.	e342b6f0f0102c2e03be6782957fd9da	赚钱小视频	视频	赵本山被春晚删掉的小品,与徒弟赵四的恩怨情仇,何时才能化解+春晚+赵本山+赵四(12112845)	小视频_浏览时长5S	2020-03-01 17:21:05
9.	e342b6f0f0102c2e03be6782957fd9da	赚钱小视频	视频	炖鸡时有人焯水,有人直接炖,都不对,教你正确做法,太好吃了(12110448)	小视频_分享	2020-03-01 17:18:46
10.	e342b6f0f0102c2e03be6782957fd9da	赚钱小视频	视频	炖鸡时有人焯水,有人直接炖,都不对,教你正确做法,太好吃了(12110448)	小视频_分享	2020-03-01 17:18:23

图5-6　纵览当前用户的所有行为

器的信息。同时,我们还可以看到冷启动推荐结果的权重值是非常高的。我们之前分享过,冷启动推荐结果是多种推荐策略的融合,其中很重要的是"实时受欢迎内容"的榜单,而"实时受欢迎内容"是全平台用户30分钟内用所有用户行为共同投票的结果。这意味的是,它是全平台内用户行为权重最高的内容,也代表了推荐模型是每30分钟跑完一次,冷启动结果也是每30分钟更新一次。如图 5-7 所示。

#	数据对象ID	数据对象	权重	排序	分类ID	分类名称	内容时间
1.	12121664	绝地求生真人版：拿98k捅我你胆子也太大了，还敢算计我？+绝地求生 1	221.96207523148	1	10	游戏	2020-02-26 03:10:00
2.	12075867	这三种口罩别再戴了！戴了也不能预防病毒，早知早戴，提醒身边人 1	173.97133217593	2	8	生活	2020-02-07 22:31:01
3.	12086676	公公听完丫蛋唱歌全吐了，程野：他无欲无求你搀他干啥玩意+程野 1	161.97087847222	3	5	小品	2020-02-12 03:10:00
4.	12064331	赵本山春晚被剪掉的小品，真是聪明反被聪明误啊！太逗了吧！+春晚+赵本山 1	143.98008680556	4	5	小品	2020-02-02 03:10:01
5.	12076757	宋小宝吃鱼的被坑啊！小品《经纪人》笑料不断，赵本山笑岔气了+宋小宝+赵本山 1	143.97217939815	5	5	小品	2020-02-08 03:10:04
6.	12131370	于谦台上硬现挂，郭德纲这下可接不住了，让台下观众都笑翻了！+郭德纲+于谦 1	137.97835300926	6	5	小品	2020-02-29 16:00:39
7.	12133248	女人有那部位体毛过盛，对身体有好处，别害羞了别！1 1	125.97536226852	7	12	健康	2020-03-01 10:18:21
8.	12107963	吃泡面不断挑战，老师竟拿出50米长的面，学渣还没吃完嘴肿了 1	125.96012731481	8	3	搞笑	2020-02-20 04:59:57
9.	12131629	蒸包子，不加酵母，随微随吃，掌握2个秘诀，个个蓬松暄软不回缩 1	119.99001851852	9	17	美食	2020-02-29 15:02:21
10.	12115173	内衣在日本是奢侈品？女性穿的瘦里面都不会穿衣服？0	113.99185166741	10	15	美女	2020-02-22 10:35:43
11.	12131030	女富宾得知男娶青有个四岁的儿子，放弃心动男生，一手单亲爸爸 1.1	113.9917060.8557	11	14	情感	2020-02-29 09:38:10
12.	12122179	一对姐妹遇上食人族大叔，一个成为盘中餐，一个成为爱人 0	113.98813078704	12	12	影视	2020-02-26 02:32:10
13.	12072625	印度担心的事发生了：中国大阅兵试器交付已铁，足够装备12个团+大阅兵 1	113.98241087963	13	18	军事	2020-02-06 03:10:07
14.	12096684	面条不要直接水煮了，教你新吃法，酸辣爽口，出锅比吃肉香！ 1	113.98101967593	14	17	美食	2020-02-16 13:54:44

图 5-7 冷启动用户的推荐结果

图 5-8 是老用户（非第一次登录或已在平台发生过行为）的推荐结果，其包含的信息与冷启动用户并无二致，但不同的是，每条推荐结果的底部都包含了这条推荐结果的推荐原因。

77.	12068626	小品《心病》赵本山给范伟治病后，他也得了病，到庭发生了什么？+赵本山+范伟 1 根据与您兴趣相近的人，1986157c4dc3dfb06383cf59cf5f1d58 喜欢的内容推荐	0.210976625	77	5	小品	2020-02-05 03:10:01
78.	12080440	时尚内衣文化风，火辣模特展示黑色性感内衣秀+模特+内衣秀 1.1 根据您看过的 女模特在内衣秀上秀姿了内衣，还好男子透风放到！+根+内衣秀 推荐	0.2100132136503	78	15	美女	2020-02-09 02:06:46
79.	12111659	男生体毛多你会喜欢？妹子直言不讳，还真敢说！ 1 根据您看过的 中国复古风格、舒适的面料，没人不喜欢 推荐	0.20955600918602	79	3	搞笑	2020-02-21 08:59:49
80.	12064429	哥哥结婚，弟弟当伴郎，采访一下，口才又那么好，清华大学毕业+胞胎都快笑翻了+胞胎 推荐 根据您看过的 双胞胎哥采亲弟弟的尴尬，不料弟弟羞红了个脸，弟妈	0.20417193426043	80	5	生活	2020-02-02 01:01:06
81.	12113029	早餐又出新吃法，一锅面粉俩鸡蛋，一拉一卷，比油条好吃！ 1 根据与您兴趣相近的人，7897fc1aa245edbb83ba07f93bce3cad 喜欢的内容推荐	0.200083336	81	17	美食	2020-02-21 18:16:37
82.	12090900	广西小山村村村十多天了，看村民平日都在干什么 0 根据您看过的 村民正在割稻谷，田里突然传出大动静，原来是条大聚伙 推荐	0.19773706896552	82	13	衣趣	2020-02-13 15:58:45
83.	12064594	爸妈走上班留1岁宝宝自己在家，监控拍下这一幕，爸妈都像哭了 1.3 根据您看过的 女儿大学校被敲敲，不料给给真亲爹爹出现，这理了偷拍发 勇气 推荐	0.1968798880382	83	13	亲朋	2020-02-02 03:18:52
84.	12083354	王思聪爸爸是王健林，那他爷爷是谁？难怪王思聪飞扬跋扈！+王思聪+王健林 1 根据您看过的 揭秘：马云没戴妻子和儿子，儿子低调有才秒杀王思聪：+王思聪+马云 推荐	0.19491525423728	84	6	娱乐	2020-02-11 03:10:03
85.	12132545	四川一小伙在家中翻出一块旧菜地，百年难见，经鉴定后一夜暴富 1.4 基于内容务特性规则推荐	0.12113270885039	85	19	历史	2020-03-01 02:45:02

图 5-8 老用户的推荐结果

我们可以看到，"小品《心病》……发生了什么"这条内容是根据当前用户的近邻用户所感兴趣的内容推荐出来的；"王思聪爸爸是王健林……飞扬跋扈"是根据"揭秘：马云贤惠妻子和儿子……秒杀王思聪"的语义推荐出来的；而"四川一小伙……一夜暴富"则是根据系统的多样性策略推荐出来的。值得注意的是，语义推荐并不仅是语义相似度的推荐，语义推荐还包含多种权重的计算，例如多算法模型的权重、用户行为时间权重、物料权重、行为反馈权重、人工权重等。如图5-8所示。

通过可视化的方式，我们可以从主观上判断用户的推荐结果是否合理，也可以纵览到一个用户前端内容的整体调性，那么我们通过科学的抽样调查方法便可以得到结果的质量的主观判断。

图5-9　推荐结果可视化

将推荐原因可视化不仅可以作为运营人员和算法人员进行策略和模型优化的依据，还可以返回给前端的用户，例如微信读书的图书和资讯推荐。在前端调用推荐理由，使推荐系统计算过程透明化，有助于增强用户对于推荐的宽容度和信心，用户对该推荐内容更有点击的冲动。同时，将推荐理由推送可以使用户快速判断结果是否符合自己的兴趣，辅助用户做出快速的决策。如图5-9所示。

通过可视化的方式，我们还可以看到语义模型的质量情况。如图5-10所示。

与"钟南山院士……专业"内容语义相似度最高的前5篇文

| 6. | 12136487 | 赚钱小视频 | 视频 | 钟南山院士与新疆美女共舞，真的是侠骨也有柔情，跳的真专业 | | | | 0 更新 | 2020-03-02 22:24:58 | 正常 |

# ▼	数据对象ID ▼	数据对象 ▼	权重 ▼	排序 ▼	分类ID ▼	分类名称 ▼	内容时间 ▼
1.	12129568	为钟南山院士加油，人们永远不会忘记你！	0.7701	1	4	音乐	2020-02-28 18:48:31
2.	12078568	百姓向钟南山致敬！钟南山在疫情中做了什么	0.7023	2	4	音乐	2020-02-08 03:58:05
3.	12091324	2月12日：钟南山院士传来好消息，一起听听他怎么说，振奋人心！	0.682	3	4	音乐	2020-02-13 19:58:43
4.	12074994	钟南山院士前两天为何眼眶湿润？独家专访钟南山，这些话让人心疼	0.6754	4	12	健康	2020-02-06 17:55:09
5.	12081214	钟南山：83岁钟南山教授再次出山，国士无双！	0.6728	5	7	社会	2020-02-09 20:07:01

图 5 – 10　语义模型的质量情况

章，权重值越高说明语义相似度越高，而这些则是资讯、短视频详情页的相关推荐的结果。

综上所述，在上线推荐系统时，建议对用户的行为、推荐结果及推荐原因进行实时地监控，避免算法黑盒化带来的运营和调参的盲目性。同时，在前端调用推荐原因可以使用户对推荐结果的接受度更高，更有利于提高用户的点击率和黏性。

第三节⊙新用户看什么感兴趣

众所周知，推荐系统是基于大量的已有数据运转，且用户行为数据、物料数据越丰富，推荐的效果会越好，那些已发生过大量行为的老用户往往在推荐的环境里甘之如饴，而那些从来没有发生过行为，第一次登录平台的新用户，推荐系统该如何进行推荐呢？这一节跟大家分享一下推荐系统的冷启动处理。

在推荐系统中，冷启动分为三种，分别是：用户冷启动、物料冷启动和系统冷启动。我们分别来看推荐系统是如何处理这三种冷启动状况的。

一、用户冷启动

用户冷启动，指的是新用户或者行为已失效的用户登录平台，此时用户是没有任何行为数据的。用户冷启动，我们需要探究的问题是：应该把什么内容推荐给他呢？

一个新用户转化为老用户的路径是：新用户兴趣获取（构建冷启动用户初始画像）—内容消费和兴趣聚焦—沉淀兴趣成为老用户。概括地说，第一步就是"千方百计"获取用户的行为数据或让用户主动暴露兴趣。有以下几种方法可以考虑：

静态信息匹配：如性别、年龄、地区、爱好等。在用户第一次打开 App 的时候，很多 App 会提示或留有入口供用户填写相关信息。即使用户不主动输入，也可以尝试从外部渠道引入行为数据（但需要注意用户重合度和相关度）。有了这些信息，就可以基于社会属性进行粗颗粒度的个性化推荐。

举个笔者服务过的客户的例子：客户所在公司是家大型机械制造业集团，要给员工提供一个内部的情报和学习分发 App。App 里包含最新的科研论文、行业资讯、竞对信息、内部课题分享等内容。该集团的业务范围比较广，集团内部就有上百个不同的岗位，如整车组装岗、零件制造岗和行政财务岗等，不同岗位需要的信息差别很大。因此，客户通过注册 App 时填入的姓名、岗位、职位等信息生成了基础的用户画像，通过用户画像与信息的直接关联，实现了基于工作岗位属性的冷启动推荐。

1. 实时最受欢迎推荐

我们知道推荐结果是按照权重值进行排序的，而权重值来源于用户们发生行为权重的累加。全平台最受欢迎指的是平台内的所有用户发生行为权重最高的内容榜单，这个权重最高不是单一某个指标如点击最高、分享最高等，而是基于综合的权重，比单纯的热度（点击）最高能更全面地反映平台内用户的共同兴趣和调性。一般推荐模型每生成一次，这个榜单的内容也会更新一次。它是比较常用的冷启动推荐方式，但在一些情况下它也会产生内容的马太效应，这个我们在后面再详述。

2. 跨平台数据推荐

它有两种形式：一种是从外部引入（第三方登录或开放App）的行为数据和用户关系链；一种是自身平台内的不同端的数据，如用户在小程序端发生的行为。当用户登录 App 端时，App 端也会基于小程序端的数据进行推荐。此种方法需要确保的是，用户的 ID 和物料的 ID 在各个端是一致的。

3. 专家预定义数据

这也可以理解为平台运营人员的人工推荐，多为基于业务规则下的编辑精选推荐。此种推荐效果比较平庸，但不至于出错，在一些央媒或者有政治属性的平台内有很大的应用空间。

4. 全网热门推荐

平台内的内容与互联网上最新、热门内容进行语义计算的匹配，例如与微博、百度热点、知乎等的热门内容进行匹配。通过遍历已入库的内容，并与热点做实时的语义相似度计算，就可以计算出数据库中哪些内容是热点内容或最接近热点内容。此种推荐方式适合每天新增物料量比较大的资讯和短视频平台。

5. 各分类热门推荐

各分类热门推荐的结果取的是各分类里"实时最受欢迎"的内容。当平台内用户量较少，正处于推广期时，新增用户量比较大，正在浏览的用户里绝大部分都是新用户。这种情况下，新用户发生行为的都是平台内最受欢迎的内容，导致这些冷启动的内容权重越来越高，从而产生了内容的头部效应。而分类受欢迎推荐会在一定程度上将内容进行人为地区隔，不至于出现最受欢迎的内容都来自单一几个类别的情况。

6. 多样性和探索推荐

此种推荐是较为成熟和保险的推荐方式，其实质是融合了实时最受欢迎推荐、最新推荐、专家预定义推荐等多种推荐方式，各种推荐方式所提供的推荐列表先融合后打散，尝试着用多样化和优中选优的方式尽可能地提升新用户的冷启动体验。

总结一下，以上为用户冷启动中常用的几种方式，其中静态信息匹配适合内容专业性、职业性比较强的平台，如医师资讯平台，不同专业的医生所需要的专业信息区别非常大。跨平台数据推荐适合于已建立了比较完善的平台矩阵和数据来源的平台。多样性和探索推荐是比较成熟的推荐方式，其融合了多种推荐方式，取各种方式所提供列表权重最高的内容进行打散推荐，属于优中选优。

二、物料冷启动

物料冷启动指的是新入库的物料，应该把它推荐给谁的问题。一般有以下几个推荐方式：

1. 语义相似推荐

用户在浏览过程中看到了某一内容，那么与这个内容最相似的新入库内容就有可能被推荐出来。

2. 专家预定义数据

新物料上报后会发布到指定位置进行固定推荐。

3. 兴趣试投

假设我们定义曝光 1000 次以下的物料是新物料（资讯类产品一般还有时间限制，如 6 小时内），将新物料和用户表征为多维向量，计算向量的距离，对用户行为较多的用户进行分发，物料在冷启动阶段会有一个趋于稳定的点击率（或其他综合指标）。该点击率是它后续流量分配的依据——根据小流量的点击率表现，表现好的物料进入下一个更大的流量池，表现差的物料被淘汰或降权，以此种方式小规模试验兴趣后进行大规模投放。但此种方法在实际商业场景中的应用空间并不大，因为在物料的相似推荐中，是可以干预新物料的时间权重，通过干预时间权重来控制和分配，这比兴趣试投的方式要简单，也更科学。毕竟此种方法过于依赖初期的抽样样本，太容易放弃物料，反倒会让物料更容易沉默。

总结来说，物料冷启动比较成熟的方式是通过语义相似方式将新物料推荐出来，并适当地干预和调整新物料的时间权重，确保新物料有足够多的机会推荐给用户，且符合用户的行为习惯和逻辑。

三、系统冷启动

所谓系统冷启动指的是系统刚部署至应用时，系统应该给用户推荐什么内容。其面临的问题实质上是用户冷启动与物料冷启动的总和。因为系统刚部署至应用，系统内是没有任何用户的行为，自然也就没有基于用户行为计算出来的最受欢迎、热门等物料。所以，在此种情况下，我们一般建议有以下两种处理方式：

1. 系统先收集用户行为数据一段时间，暂不调用推荐结果

这也就是系统先默默地积累一部分用户的行为数据，当用户行为数据量足够时，最受欢迎、热门等榜单都被计算了出来，这时再进行结果的调用。那么，发生过行为的用户自然可以根据其行为推荐，新登录用户则根据用户冷启动的方式进行推荐。

2. 历史数据的迁移

在系统部署之前，很多应用其实早已收集了用户的行为数据，这时只需将历史的行为数据导入系统即可。值得注意的是，导入的历史数据不宜时间过长，用户的兴趣是处于动态变化中的，过长的历史数据不仅增加了系统的负担，还对推荐结果的计算产生了负面的干扰。

　　我们总结一下，推荐系统会面临用户冷启动、物料冷启动和系统冷启动三种情况。用户冷启动往往采用多样性和探索推荐的方式，其融合了实时受欢迎、全网热门、跨数据平台等多种方式。物料冷启动以语义相似推荐为主，通过时间权重干预的方式帮助新物料获得更多的曝光机会。系统冷启动面临的是用户冷启动和物料冷启动两种问题的总和，因此可以采用系统先行积累数据和历史数据导入的方式将系统冷启动问题转变为用户冷启动和物料冷启动问题，从而实现系统的冷启动。

第四节⊙社交中的智能推荐

对于社交网络，我们可以粗略地分为熟人社交和陌生人社交。熟人社交的代表是我们每天都在使用的微信，陌生人社交则有以新浪微博为代表的微博客社交网络、陌陌为代表的 LBS 社交网络，以及主要用于婚恋的世纪佳缘、百合网等。社交网络中有三个必不可少的要素：关系、内容与互动。这三者紧密相关，内容的生产会促进用户间互动，而用户间的互动直接影响用户间关系的建立，这样又会使新的内容产生。对于以熟人社交为主打的微信来说，其虽然有算法参与朋友圈和"看一看"，但内容分发上基本上还是依赖用户的用户关系进行展开，而陌生人社交中的内容分发和关系连接则重度依赖算法推荐。

为什么陌生人社交中的内容与关系的连接重度依赖算法呢？

我们在微博上发布个人心情、时事见解，在朋友圈里发自拍，分享那些除了自己很少有人看懂的艰难晦涩的文章，在主页上编辑资料、修改背景。

干的是什么？塑造自己的人设。我们与其他人互动，我们希望其他人评论、点赞我们所发布的内容是在干什么？是让他人认同自己的人设。如果我们想让更多的人认可我们的人设该怎么办呢？找到更多与我们价值观相仿，有可能认同我们人设的人，并尽可能产生连接。这个产生连接的过程我们依赖两个路径：现有人脉关系的拓展和发现与我们的想法相似的想法，相似想法的背后可能是一个与我们相似的人。人脉关系的拓展会在不同程度上用到算法。而发现相似的想法则只能通过算法。所以，社交推荐被我们简单分解成了人的推荐和内容的推荐。

一、人的推荐

在短视频章节中讲到过，人的推荐不仅有基于通信录几维好友的推荐，还有基于用户共性行为的近邻用户推荐。这两种推荐方式在找到与自己相似用户的场景中颇为有效，但在一些场景中不能满足业务需求。

例如在婚恋交友 App 中，男生浏览到一位气质清新脱俗的女生，瞬间对了眼缘，并急不可耐地发送了消息等着回复，但该女生迟迟没有任何要回复的迹象。这时这位男生有两个选择：要么继续发消息，面临被彻底拉黑的风险；要么再碰碰运气看还有没有同样气质的女生，不能在一棵树上吊死嘛。这时我们该如何推荐呢？如果是基于用户共性行为的近邻用户推荐，那么我想此位男生会怀疑人生，因为推荐给他的用户是同样浏览了此位女生的男用户。所以，在这种场景下我们需要引入的是基于物品的协同过滤算法。

我们来回顾一下协同过滤算法，协同过滤算法可进一步分为基于近邻的模型和隐因子模型。其中，基于近邻的模型主要采用 KNN 的思想来完成推荐，它被分为 User based CF 和 Item based CF。

User based CF 主要考量的是 User – User 之间的相似性，首先根据用户对物品的历史行为来找到相似的用户，然后通过跟他相似的用户的偏好来建模目标用户的偏好。其思想是将与当前用户行为最相似的用户群所共同感兴趣的内容集合按照评分大小推荐给当前用户。基于用户的协同过滤算法，"协同"的对象是近邻用户行为，计算出每个用户的近邻用户之后，把这些用户的行为根据权重累加起来，形成一个共同兴趣的合集，这个合集根据权重从高到低排序，就是推荐的结果。在矩阵视角，就是用户对物品的评分等于相似用户对该物品评分的加权平均值。其中，一个重要的环节是如何选择合适的相似度计算方法，常用的两种相似度计算方法包括皮尔逊相关系数和余弦相似度等。

Item based CF 主要考量的是 Item – Item 之间的相似性，跟 User based CF 类似，只不过它是根据用户对物品的历史行为来找到相似的物品，然后通过用户所喜欢的物品来推荐相似的物品。其思想是将访问过当前用户所访问内容的用户还访问过什么推荐给当前用户。这么说来有点拗口，简单说来就是"访问过此内容的用户还访问过哪些内容"。基本思路为：先确定用户喜欢的物品，再找到与之相似的物品推荐给用户。只不过这个相似不是内容、文本语义上的相似，而是基于用户行为反馈角度衡量的。在矩阵视角，就是用户对物品的评分等于该用户对其他物品的评分按物品相似加权平均值。和 User based CF 协同过滤算法类似，需要先计算 Item – Item 之间的相似度，并且，计算相似度的方法也可以采用皮尔逊相关系数或者余弦相似度。

很显然，为了帮助上述例子中的男生找到与另一位有可能有眼缘的女生，我们需要用到的是协同过滤算法的 Item based CF，即看过这个女生的用户还看过哪些女生。这位女生气质清新脱俗，那么看过这个女生的这些用户很有可能曾经还看到过其他气质相仿的女生，那么被这个群体共同投票、共同浏览、共同发消息最多的这些女生就会被推荐出来。Item based CF 聚焦的点在于当前所浏览的人，而非此用户之前的用户行为，是通过其他用户的行为帮助此用户发现了与当前所浏览的人相似的人。在数据量越大的情况下，这个效果是非常不错的，甚至可以超越个人的经验。

Item based CF 不仅可以用于人的推荐，在商品较少、用户较多的电商场景中，如阿迪达斯官方商城，SKU 数量一共也就几百，而用户量数以十万计，且商品的更新频率相对较低。这个时候，Item based CF 的效果可能比 User based CF 会更好。

直播个性化推荐——特殊的人个性化推荐

早期的直播推荐大多是基于热度进行推荐。根据当前直播间的观看人数、送礼人数、互动人数等做一定的加权求和，得到这个直播间的热度分数，根据这个分数对直播间进行排序做推荐。(听起来是不是有点像电商的人气推荐) 其实，这不是一种模型推荐，更像是一种策略和规则推荐。

这种方式自然导致了直播平台主播的头部效应，流量全部集中在头部主播，小主播难以得到有效的曝光。如果这一情况长期存在，小主播的直播热情没了，可能就不直播了，这样会对平台的整体利益造成损害。几乎所有用户看到的都是头部主播，用户很有可能就会有看腻的情况。

那么，直播个性化推荐主要是怎么做的呢？

从数据收集上来看，直播场景的数据信息也较为丰富。如表5-1所示。

表5-1 直播场景的数据信息

种类	特征
用户数据	统计学属性：性别、年龄、地域等

种类	特征
物料（主播）数据	• 统计学属性：性别、年龄、地域等 • 直播属性：等级、类别、标签、频道等 • 描述属性：封面标题、介绍描述等 • 实时特征：是否唱歌、跳舞、游戏，是否正在挂机，新增粉丝数、新增打赏、弹幕数等
行为数据	点击、分享、点赞、打赏、弹幕、关注、浏览时长等

直播推荐场景下的数据特征与其他场景最大的不同是，直播的内容是"活"的而不是"死"的，是实时变化的，不是一成不变的。

举个例子：一位用户喜欢看跳舞的主播，而主播跳舞可能只在某个时间段进行，即使是专门的"舞"播，也不会一直在跳舞，而当用户进入直播间主播刚好没有在跳舞时，用户很可能就会退出直播间，因此主播的实时动态信息就需要被识别出来。识别的方式有音频的语音转文字后，通过分类的方式识别文字属于跳舞、聊天还是喊麦等，也可以通过视频行为识别的方式识别出主播是否有发生肢体扭动动作等。因此，我们可以看到，直播场景下的实时数据非常重要，将实时的数据特征放入推荐系统的模型中能一定程度上提高系统的实时性和准确性。

在召回层则一般会用到基于深度学习的 CTR 预估模型和基于物品的协同过滤算法。

需要注意的是，在 CTR 预估模型中，所需要的样本不仅是发生过对某直播的点击，像浏览直播 1min 也可以算作一个正样本，浏览直播 5s 则可以算作负样本，而且每个用户、每个直播并不是每天都会上线开播，仅用用户和主播一天的样本数据进行建模过于稀疏，所以往往会根据实际情况选择 15～30 天的累计数据组成训练样本进行建模，同时拉长样本周期的好处是尽可能地保证用户和主播行为的覆盖度。

除了预估模型之外，基于物品的协同过滤算法主要会用到召回算法。之前已经详述过基于物品的协同过滤与基于用户的协同过滤的区别。直播场景与电商场景有些许类似，主播数量远小于用户的数量，相似度矩阵的维度小，而且主播的变更频率不高，主播的相似度相对于用户的兴趣来讲比较稳定，因此在直播场景会更多地用到基于物品的协同过滤算法而不是基于用户。

二、内容的推荐

在社交场景中，内容的推荐大多有两种形式：关注用户的推荐和信息流内容的推荐。关注用户的推荐与算法关系很小，我们在这暂且不论，我们主要探讨信息流内容的推荐。信息流内容推荐的目的是通过内容引起共鸣，从而建立人与人之间的关系。社交场景中的信息流内容推荐与资讯领域大同小异，不同的是其加入了用户关系模型参与了推荐结果。如图 5 – 11 所示。

我们之前提到过，推荐结果是由多套算法模型融合后给出的，是语义模型、用户协同模型、用户消费力模型等共同给出的结果，其结果以一定的比例融合在一起，适用在不同的业务场景，即多线路召回。

在社交场景中，往往还需要融入用户关系模型，上报用户与其关注的人（博主）的直接互动行为，例如是否私信过、浏览过主页、评论过，等等。如果他们在历史上的互动次数非常频繁，我们就认为该人（博主）产生的内容特别契合此用户的需求，那么他们的关系会作为一个维度特征，被加入进来，共同参与推荐结果。需要注意的是，对于每个模型我们应该返回多少个结果比

图 5 - 11　社交场景中的信息流推荐

较合适呢？每个模型所提供的结果分数值有一定的不可比性，所以，就需要各个模型、各个线路所提供的结果的比例不断地以 **AB Test** 的方式确定一个最优的比例。如果太多模型参与推荐结果的提供，那么找到最优比例的概率会越低，所以只能结合经验和数据进行反复调优。

在用户数量、物料不多的中小型平台，采用多种算法模型融合的情况下效果最优，因为有足够的资源可以保证全文本粒度的计算和遍历所有物料；而在用户数量规模巨大，用户数以千万甚至亿来计算，用户历史行为丰富且流量峰值数据特别大的头部互联网企业却很难做到全文本粒度、全物料的挨个计算，为了兼顾计算资源成本、推荐效果和计算周期，只能退而求其次地使用一些能够融合多特征的模型，如 CTR 预估 FM 模型。

笔者曾经听过一个笑话："一职员所在公司准备上线一套推荐系统，但捉摸不定该选择哪套模型上线。该公司有几套算法模型可以选择，但各有优缺点，有的模型听起来先进酷炫，有的模型跑起来效果不错，另外一套模型经典成熟，实在不好决定选择哪套……几天后再遇见该职员的时候，他说他们算法总监让他上了那个跑得最快的!"因此说，选择模型不代表效果好的是最好的，不代表技术最先进的是最好的，而最终上线的往往是那些能满足业务场景最主要需求，能兼顾成本和效率的。

现行的新浪微博采用的就是 CTR 预估的 FM 模型。那么，什么是 FM 模型呢?

因子分解机（Factorization Machines，简称 FM）最早由 Steffen Rendle 于 2010 年在 ICDM 上提出，它是一种通用的预测方法。与传统的简单线性模型不同的是，因子分解机考虑了特征间的交叉，对所有嵌套变量交互进行建模（类似 SVM 中的核函数），因此在推荐系统和计算广告领域关注的点击率（Click Through Rate，简称 CTR）和转化率（Click Value Rate，简称 CVR）两项指标上有着良好的表现。此外，FM 模型还具有可以用线性时间来计算，以及能够与许多先进的协同过滤方法（如 Bias MF、SVD＋＋等）相融合等优点。

在社交场景中，用户的数据特征非常丰富，如用户的信息、用户兴趣的标签，内容的主题、内容的标签、用户关系、用户亲密度、内容的文本信息等。在模型构建时需要具象各种特征如:

- 兴趣维度，包括内容的信息、内容的标签、内容的主题。
- 关系维度，提到过用户关系模型。
- 行为反馈维度，如内容的打开率、互动率等。
- 行为维度，用户对内容的发生的行为。
- 环境维度，用户行为发生场景上下文特征，例如在什么时间、什么地点用什么设备在刷新。

在社交信息流推荐中，推荐结果一般都需要包含来自兴趣标签、兴趣主题、文本向量化、协同过滤、热门、地域等的召回结果。传统 LR 模型的"线性模型＋人工特征组合引入非线性"的模式，很难对组合特征建模，而且泛化能力比较弱，尤其是在大规模稀疏特征存在的场景下，效果非常糟糕，而 FM 模型恰好解决了这个问题。

从实际大规模数据场景下的应用来讲，在召回阶段，只使用 User ID/Item ID 的信息是不实用的，因为没有引入 Side Information，推荐出来的结果也只会存在实验室环境，不具备实操价值。引入更多特征对于更精准地进行个性化推荐是非常有帮助的，而 FM 模型的优点就是支持更多特征的便捷引入，对多特征组合进行交叉学习。例如用户喜欢看热门的内容，那么热门的内容就多推荐一些；如果用户喜欢看同城的内容，那么同城的内容就多推荐一些。多特征模型的优点是能更全面地了解用户的喜好，非常灵活。笔者不打算过多介绍具体的 FM 模型的计算原理，否则会让读者像读论文一样觉得枯燥难懂，对此内容感兴趣的读者可以在网上搜索相关信息看一下。

我们总结一下上文，在社交推荐中主要有两种推荐形式：人物推荐和信息流推荐。信息流推荐的目的是帮助用户与其他用户建立关系。

在人物推荐中，常用的是近邻用户的推荐和基于物品协同过滤的推荐。前者可以推荐与当前用户相似的用户，后者可以基于其他用户的行为推荐出跟当前所浏览用户相似的用户。

在信息流推荐中，其推荐的原理与资讯类大同小异，但不同的是社交场景相比资讯场景，数据特征要丰富得多，需要计算的维度也复杂得多。在中小型平台可以通过多算法模型融合的方式提供推荐结果，而在头部平台因计算量、计算资源、计算时间的问题需要引入能进行多特征组合建模的 CTR 预估 FM 模型。在每个场景选择上线不同的模型取决的不是算法是否先进、炫酷，而是哪些算法能最高效、最具性价比地解决主要问题。

第六章

智能推荐的未来

第一节⊙技术的发展曲线

伴随着数据量的不断积累，计算资源成本的不断下降，人工智能技术研究的不断精进，人工智能的发展与应用势必会呈现螺旋式上升的态势。对于人工智能而言，普通公众看到的是智能应用的惊艳，科技公司看到的是大势所趋的必然，传统公司看到的是产业升级的机遇，而国家看到的是技术革命的未来。我们普通人可以不关注科幻片中的智能生活何时出现，却无法对人工智能在经济、生活方式、文化方面所产生的巨大影响视而不见。智能推荐作为人工智能领域较成熟的商业化应用，其未来的发展必然与人工智能整体的发展保持较大的一致性。

在 20 世纪 50—60 年代，伴随着通用电子计算机的诞生，人工智能已经悄然地在实验室崭露头角。以艾伦·麦席森·图灵提出的图灵测试为标志，数学证明系统、知识推理系统、专家系统等里程碑式的技术和应用掀起了第一拨人工智能的热潮。但那个时代，无论是计算机的运算速度、相关设计还是算法理论，都无法支撑人工智能发展的需要。随后，人工智能技术的研究和应用陷入了长期的瓶颈期。

在 20 世纪 90 年代，基于统计模型的技术悄然兴起，并在语音识别、机器翻译领域获得了不俗的进展，但那时的技术仍然不够好，还达不到人类对于智能应用的期待。

直到 2010 年，随着深度学习技术的成熟和计算能力的大幅度提高，人工智能才重新回到人们的视野中，并获得了前所未有的热情与重视。与前两次人工智能热不同的是，这次人工智能的多个应用实现了多个商业化场景的落地，并达到了人类可以使用的标准。例如我们早已习以为常的人脸识别、刷脸开机、支付；再如语音翻译已经可以部分代替人工翻译，甚至自动驾驶汽车已经跑在了北京的五环路上。

　　智能推荐也经历了类似的发展过程。如图6－1所示。

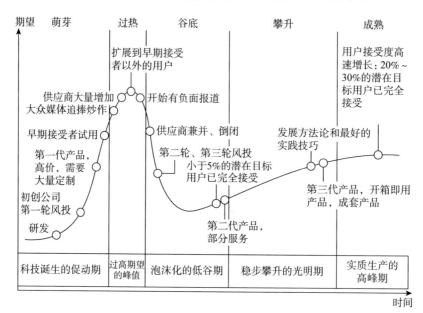

图6－1　高德纳咨询公司技术成熟度曲线

　　近年来，关于智能推荐的算法模型不断地被研究、被提出，例如 Wide&Deep 推荐框架、图神经网络等，而推荐模型的发展与应用归根结底是提高推荐结果准确性和扩展性的过程，是一个用户会喜欢多少推荐结果的概率问题。概率问题自然会有发展空间，也有不可掩盖的天花板，同时还得兼顾商业的成本和价值。而推荐系统又是高容错性的智能应用，其与自动驾驶的区别在于，自动驾驶追求的永远是解决0.001%的不确定性，而对于推荐系统来说，即使实现了 90% ~91% 的准确性，对于目前所实现的商业价值的影响也并没有那么大。所以，只有在应用范围、商业价值得到突破、扩大之后，技术层面才会再进行革命性的突破。当现有技术不能满足新的、更多的应用场景，而现实中又有亟须解决的问题时，便会有更多优秀的人才进入推荐技术的研究领域，并开发更多、更适配的推荐技术，从而获得技术层面的迭代。

在短期内，我们可以预见的是，推荐系统的技术发展会不断地精进，不断地实现更高概率被用户喜欢的推荐结果，但因为商业价值的考量会逐步地趋于稳定，最终达到一个投入成本与产出的平衡点。而从长远来看，推荐技术的发展会伴随着更多商业场景的落地、满足商业价值的需要而呈现螺旋式上升的态势。因此，真正能给普通老百姓、企业、国家带来价值的是，推动推荐技术发展，让智能推荐在更多场景中被广泛应用。

第二节⊙智能推荐的非互联网应用

现阶段，智能推荐已经深度地应用到互联网的各个场景中，包括但不限于资讯、电商、文娱、教育等，姑且不探讨是否还有更多的推荐用法可以在以上场景实现价值（必然会有更多的推荐用法）。我们思考的是，作为互联网领域的基础设施，智能推荐是否有可能成为传统企业提能增效的工具？笔者曾经服务过几个项目，都属于非典型的互联网应用。

一、智慧门店

当你走进某时尚品牌线下门店时，店员会直接带着衣服走到你跟前，让你试一下这款衣服合不合身。这时候你不要惊讶，可能你走进的是一家已经部署了"线下智能推荐"功能的试验店。那么，店员是如何判断你是否喜欢这件衣服的呢？其实，逻辑与线上智能推荐并无二致，但当你真实体验"线下智能推荐"时，你会真切地感受到智能推荐是多么精准！线下门店主要通过两个渠道收集你的行为数据：品牌线上商城和门店行为轨迹。

当你注册为此品牌的会员之后，你在此品牌线上商城所发生的所有行为都被记录下来，你的性别、手机号，你点击、分享、收藏、购买了哪件商品都一一被系统捕捉记录。同时，当你在线下门店通过人脸识别、手机号注册为会员时，你的身份信息与线上商城的身份信息被确认为同一用户。

　　这时，你在线下门店花费 N 秒打量衣服、在试衣间试穿了哪件衣服、购买了哪件衣服等线下的行为数据统统地被系统记录下来。这时，你的行为数据变得立体、变得丰富，线下数据与线上数据被打通，你的这些行为数据都被上报至推荐系统，系统会自动计算出你最感兴趣的是哪一件衣服。

　　当你进入线下门店时，人脸识别摄像头通过识别你的身份并推送给店员，一位潜在客户已经进入门店了，他喜欢的是这条破洞牛仔裤，你最好赶紧带着型号为×××的破洞牛仔裤向他介绍。当店员走向你，并向你介绍完这条破洞牛仔裤后，线下零售的智能推荐体验也被你体验了一遍。这似乎是阿里一直在倡导的新零售的缩影，也是各个零售集团所孜孜追求的用户体验。实际上，要实现这种智慧门店的服务，对于绝大部分零售企业来说，还有很远很远的路要走，现在仅仅是在头部的跨国零售集团的部分门店进行了试点。

　　如此精准的场景仍然处于实验阶段的原因主要有：**成本高昂、技术不成熟、缺乏数据中台和隐私安全风险。**

　　先说成本高昂问题。我们都清楚，线下零售店铺的精细化运营程度与对成本控制的要求相比线上商城要成熟、严苛得多。要实现如此的智能体验，不仅需要摄像头、人脸识别系统，还需要增加货架传感器、门店服务人员数量，改造一家门店可能成本并不高，但要增加成百上千家的门店成本，恐怕不是一拍脑门就能够确定的，其中涉及复杂的成本、收益与风险核算。一个低净利行业要实现全面智能化谈何容易！

　　其次，目前的货架传感器技术和市场都不成熟，从市面上很难找到满足商业化场景的成熟产品。推荐系统需要与线下门店的人员管理系统、库存管理系统、线上数据系统等统统打通，需要企业从战略侧面完成数据的清洗、汇总与应用，这也是一个规模不小的 IT 工程。最具现实的因素考量是，连锁门店的货物其实每个地区、每家门店的款式、库存都有区别。那么，怎么能保证线上浏览的商品线下一定会有呢？所以，还需要线上及线下各门店商品库存的统筹安排。看，这真的是一个大工程！

同时，客户是否愿意用自己的人脸数据来换取这种智能的体验？对于用户来说，是否真的是刚需？是否会发生数据隐私的泄露……这都是现实中需要慎重考量的问题。门店的智能推荐体验虽然被炒作了几年，但真正付诸尝试、布局的，仍然是极少数的零售巨头，对于全面普及还有很长的一段距离。但是，正如清朝时期都认为汽车是无用的，而现在汽车都要进行无人驾驶一样，历史的车轮滚滚前进，总有一天智慧门店会大放异彩。不仅是零售店，像笔者服务过的商业广场、连锁快餐品牌也在进行门店优惠券、菜品等的实时推送。因此，智能推荐的未来势必要从线上走到线下，线上与线下融合，悄无声息地走进所有人的日常生活。

二、组织效率提升

智能推荐由分发工具变为任务分配工具和工作辅助工具。

（1）某知识产权局有大量的海外专利说明需要翻译，每个行业都有大量专有名词，对于翻译人员来说，每个人都有自己所熟悉、专业的领域，那么推荐系统可以为每个翻译人员分配专利文件。当翻译资料很多而翻译资源不足时，推荐系统会尽可能地为翻译人员分配熟悉类型的文件，提高翻译效率；当翻译的资料没那么多，翻译资源充裕时，推荐系统为翻译人员分配更多多样性的稿件，提升翻译人员的业务能力。推荐系统实现自动地分配文件，翻译人员只需要接稿、译稿即可。同样的应用方式，企业内部的语料标注平台需支持动态调整标注人员的分配内容，根据不同规则进行内容的分配。当标注工作量大、事急时，采用更有效率的分配模式，自动给每个标注人员分配其最熟悉的标注内容。当标注工作进入模型巩固期时，可用于标注人员能力培养和训练，自动将更多样、更陌生的内容分配给标注人员，以提升其业务能力。

（2）客服工单智能推荐。在运营商的服务场景中，通过语义计算的方式，计算每位客服的历史咨询记录与当前用户咨询问题的文本相似度，计算出当前用户所提问题最相关的客服列表，并依据客服忙碌状态，进行客服列表排序，推荐出最合适的客服给用户提供人工服务。此应用方式可广泛地应用到各呼叫中心场景。

（3）编辑素材推荐。在服务某报业集团的过程中，该报业集团的编辑部门在写稿时需要更多的素材完成写作，这时当选中文稿中的文字，便会有相关的素材、图片、视频、音频在编辑栏的右侧进行推荐。在完成写作时，还会有与当前编辑内容最相关的素材推荐，用来帮助编辑人员更客观地了解自己所编辑的文章及提供更多观点、知识的补充。同样，在类似 Word 的某中国自研的编辑软件中，也与我们共同研发了基于编辑内容的素材推荐，用来帮助更多的 C 端用户更便捷地完成编辑工作。

（4）判决书、案件推荐。法院法官在撰写判决书的过程中，需要查询相似案件作为裁判的参考，往往高级法院所做出的判决书会成为基层法院判案的指导意见。在撰写判决书的过程中，根据已选的案件由自动推荐推出参考判决书，有助于法官更高效、无误地完成判决书撰写工作。类似的工作还有，法务合同撰写、审核，判决书法律条款引用等场景。

智能推荐越来越多地应用在组织的流程运转过程中，辅助组织中的工作人员提高工作效率。可以预见的是，未来智能推荐会更深度地参与组织协作过程，使组织工作生产工具更加智能化。

三、政务服务更便民

笔者与越多的政府单位打交道，越深刻地体会到，组织庞大的政府与事业单位应用新技术的意愿和能力非常强，往往很多创新应用的开端不是来自企业，而是来自军政事业单位。

以创新闻名的广东省深圳市政府是应用新技术的排头兵。在2017年，深圳市政府便陆续地在各省市、委办局单位的官方网站上线了智能推荐服务，为的就是用户在登录官方网站查询、办理业务时，可以根据每个人的办事需求、办事进度，提供相应的办事服务、办事指导和办事提醒，并以红头文件的形式提出"千人千网"的政务服务智能化指导意见。随着各单位政务网站的集约化，智能推荐的表现形式更为多元化，所带来的便民体验也越来越优秀。

政务网站集约化后，几乎所有的办事服务都集中到了唯一的市政府网站中，我们可以了解到，仅仅一个局的办事服务就是上百项，更不用说几十个局的业务合在了一起。这就要求，在有确定的办事事项时，智能推荐不仅可以帮助政府为老百姓提供个性化的办事窗口，还能推荐不同的办事页面。

当一位用户在办理户籍信息时，系统可自动推荐公安办事页面，并跳出弹框提醒用户，是否要办理户籍相关事宜。当用户在处理工商行政复议时，系统则向用户推荐工商行政管理页面，并引导用户一步步完成操作，并主动将办事进度提醒实时传递到办理该业务的用户手机上。

当下已发生的是，政府已通过各种智能化手段不断地完善公众服务。在可以看见的未来，政府服务、管理事项中会有更多的场景逐渐应用智能推荐，为老百姓提供更加便利的办事操作，为提高政府机关的工作效率助力。

四、更智能地辅助决策

随着5G技术、IOT的应用与普及，人们获取信息的方式势必从电脑、手机延伸到广义的智能硬件。无论是在车联网、商店广告牌，还是智能音响、智能冰箱、智能电视、服务机器人等方面，凡是有大量信息存在的载体都必然会应用智能推荐。在未来，智能推荐会真正地成为为人们提供智能化生活、服务的载体。我们有一天可能会像《流浪地球》中的宇航员一样，问道："莫斯，我们还有多久坠入木星？"

笔者认为，智能推荐在未来的发展技术层面会进入成熟、稳定期，并在新的商业场景的需要下呈现螺旋式的发展。而在应用层面会更深度地参与社会、组织的生产、协作过程，成为组织提高生产效率的生产工具，成为提供人们日常生活服务的载体的基础设施，成为辅助人们完成决策的帮手，并会落地更多的、精准的、有价值的商业化场景。

山高水长，江湖再见。作为这一代智能推荐领域的从业者及商业化价值的实践者，笔者很有幸地见证和参与了这一轮人工智能的技术和产业革命。我们可能是目前最接近人类实现真正人工智能的一代人，我们也会逐渐地经历整个国家、社会及普通大众因为智能推荐、人工智能等新技术应用所带来的生活方式、生产方式、组织方式的变化，以及伦理、道德与价值观的变化。我们希望智能推荐让生活更智能、更美好，也寄希望于各位同侪，共同为这个变革的大时代添砖加瓦！

第七章

AI智能推荐技术概述
——如何实现智能推荐

第一节⊙数据的时代

随着信息技术尤其是移动互联网的飞速发展，互联网上每天产生数以亿计的数据。市场研究公司 IDC 发布的《数字宇宙研究报告》指出，2020 年全球新建和复制的信息将超过 40ZB，是 2012 年的 12 倍；中国的数据量在 2020 年将超过 8ZB，比 2012 年增长 22 倍。数据的爆炸式增长给人们带来了不可避免的信息过载问题，各个互联网公司都在致力于帮助人们从繁杂的信息中得到真正有用、有效的信息。面对庞杂的数据，我们看到的不仅是困难和挑战，更多的是企业逐步数字化后带来的数据大规模应用的历史机遇。

从数据的采集方式来看，目前工业界主要有以下三种数据应用方式：

（1）报表统计。

（2）数据分析。

（3）机器学习。

三者之间各自解决相应的业务需求，且有层层递进的关系。

第一阶段，主要是对应用健康度的监控和对外"秀肌肉"的使用，例如 UV、PV、跳失率、七日留存等。

第二阶段，是在数据采集的基础上对数据情况进行一系列的溯源和思考，从而得出能够指导业务发展的结论和意见。

第三阶段，是在数据的基础上诞生了各种各样的人工智能的应用。数据真正的开始是产生生产价值，是企业数字化后的下一步。这个阶段不同于前两个阶段的是，前两个阶段的数据主要是给人看，而第三阶段的所有数据是用来给机器看，让机器理解，从而产生应用。这个阶段的数据是否能够用于分析，是否能够被人理解，并不是核心的关注点。

从互联网发展以来，人们大致有以下三种方式解决信息过载问题：

（1）门户网站——图书馆式分门别类地展示信息。

（2）搜索引擎——通过搜索关键词获得所需信息。

（3）智能推荐——根据用户行为被动地获取信息。

具体的区别在前面已有阐述，故不赘述。本章聚焦的是推荐系统从庞杂的数据背后挖掘哪些有价值的数据用于处理信息过载问题，以及如何收集与挖掘。

一、推荐系统需要计算哪些数据

推荐系统需要的数据可以用一句话来概括："哪个用户在什么时间点对什么内容发生了什么行为，这个内容是什么。"如图7－1所示。

矩阵	行	列	数据类型
人、属性矩阵	用户ID	属性	User Profile
物、属性矩阵	物品ID	属性	Item Profile
人、人矩阵	用户ID	用户ID	Relation
人、物矩阵	用户ID	物品ID	Event

图7－1　推荐系统需要的数据

我们拆分来看，大致可以分为以下三类数据：

（1）物料类数据。物料类数据也就是内容的文本类数据，如内容的标题、正文、作者、内容来源、标签或关键词、分类（如时政、健康、娱乐等）、发布时间等，在电商场景内还可能会有价格、商品属性、商品复购周期等。不同的业务场景下可能会涉及不同维度的数据，但目前能用作推荐的仅是文本数据。在服务家居和素材类网站客户的过程中，曾经尝试用图像识别的方法做相似度推荐但效果并不理想，反而是在社交网站上用实体命名识别会有作用，当然实体命名识别的载体也是文字。目前的图像识别技术还不能识别图像或者视频中的行为意图，只能识别类似"三个人扭打在一起"等行为描述，很显然，这样的描述特征是不能供推荐系统所用的。

（2）用户类数据。用户类数据则包括以下几种：

①人口统计学数据：性别、年龄、职业等。

②兴趣标签类数据：美妆、电影、旅游等。

③地理位置类数据：经纬度坐标。

④特定场景下的静态身份类数据：岗位、专业、技能等业务场景下才会需要的身份数据。

我们需要知道的是，虽然用户类数据有很多种，但并不是所有的数据都能被推荐系统所需要，往往是特定的业务场景下会用到特定的用户类数据，这需要根据业务场景进行具体分析。如银行理财产品推荐中可能会用到用户的职业、财产收入等数据，而这些数据在新闻场景下是不会用到的。因此，有很多人用"用户画像"做推荐，我们认为这是非常错误而且反常识的做法。首先，到目前为止，"用户画像"尚没有一家平台能做到全维度数据覆盖，也就是说，如果画像刻画得有偏差，那么整个推荐都会出问题。其次，即使做到了全维度数据覆盖，又该如何确保"用户画像"标签的粒度呢？标签的设立本质就是用少量的词汇来描述一个人，那么多少词汇可以描述完一个人呢？标签的存在就注定了信息量的损失。最后，如果一个人的"用户画像"被刻画为"金领、IT 男、月入百万元"，难道他就不会去买 9.9 元包邮的商品吗？很明显，这都是用"用户画像"做推荐反常识、反逻辑的地方，这些内容后续我们再细讲。

（3）用户行为数据。它包含用户对内容发生的行为，如点击、分享、点赞、收藏、加入购物车、浏览时长、播放完毕等根据业务场景制定的能反映用户兴趣的数据，也包含用户发生行为的时间，即用户点击这条内容是在什么时间，用户浏览 10s 是在什么时间。我们讲求的推荐系统的实时推荐也是依赖用户的行为数据能够毫秒级地上报至推荐系统，这个时间一般控制在 50ms以下。而我们有了用户的行为数据之后，则可以得出人与人之间的关系特征。

二、如何采集这些数据

物料类数据、用户类数据通过数据库到数据库的方式便可完成上报，而用户行为数据则需要进行行为的埋点才可以实现收集和挖掘。

埋点就像公路上的摄像头，可以采集车辆的属性信息，如颜色、车牌号、车型、人脸等。如果摄像头分布处于理想状态，那么通过叠加不同位置的摄像头所采集的信息，基本可以还原某一辆车的路径、目的地，甚至推测出司机是否为老司机，司机的驾驶习惯是怎样的等。

埋点即通过在需要检测用户行为数据的地方加载一段代码，例如浏览、评论、浏览文章 20s，采集用户行为数据，将数据进行多维度地交叉分析，从而尽可能地还原用户在使用场景下的主要操作路径和动作，判断用户的实时意图。

合理的推荐系统埋点一般包括以下几类：

（1）行为类。是否点击、"不感兴趣"、分享、点赞、加入购物车、下单、收藏、评论、播放完毕等。

（2）时长类。内容浏览时长、曝光时长等。

（3）位置类。当前经纬度、所在的 POI 等。

对不同的行为进行埋点记录了用户对某个内容不同的兴趣度大小，可以是正向行为，也可以是负向行为，而这些行为属于用户的"显性"行为，即用户用操作代表的兴趣度大小。此外，用户行为还有"隐性"行为，即用户没有发生"显性"行为的操作，如一直在刷新、跳出等，也反映了用户的喜好程度，推荐系统对此类"隐性"行为也有一系列权重，后续章节会重点介绍。

对于推荐系统，埋点关系到用户行为日志的采集和上报。如果埋点过少，必要的信息无法采集，系统很难准确捕捉用户兴趣；如果埋点过多，会造成流量和性能的大量开销和浪费，甚至对原有数据采样造成干扰。因此，运用运营经验制定适合业务场景的埋点方案，并不断地调整、优化各个行为之间的权重，能够帮助系统更好地理解用户的真实意图，从而使推荐系统能推荐出更符合用户偏好的结果。

对于推荐系统来说，所需要的数据基本上都可以从后端收集，采集成本较低，但是有两个要求：所有的事件都需要和后端交互，所有的业务响应都要有日志记录。这样才能做到在后端收集日志。

我们偶尔会在网上看到这样的评论："我刚跟闺密说，我喜欢 Gucci 的包包，结果我打开某宝，发现它真的给我推荐了 Gucci 的包包，这也太神奇和恐怖了吧！"虽然不能确定这些评论的真实性，也不确定某宝是否真的把语音数据过滤后用来做推荐，当然在这也不讨论道德问题。但我们可以预见的是，随着物联网的普及，会有越来越多的场景具备智能推荐的功能，可能是冰箱也可能是台灯，那么接踵而来的是互联网的数据量相比现在呈指数级增长，推荐系统所获取的数据也会更加多元，多个终端、多个维度交叉起来的行为数据网也会使推荐系统更智能，甚至改变人们现有的信息获取方式和生活方式，这可能才是推荐系统真正大放异彩的时刻吧！

第二节 ⊙ 推荐算法

我们知道推荐结果是经由推荐系统根据所需数据计算处理后的结果，而计算处理的过程则用到了推荐算法。如果我们把推荐系统所需的数据看成原料，那么推荐算法就是流水线上的工人，将原料按照程序加工处理及包装完成，并储存到仓库中（缓存层）。那么，应用比较广泛的推荐算法有哪些呢？

一、基于神经网络的文本语义推荐算法

基于内容的推荐（Content-based Recommendations），即根据用户历史喜欢的内容（Item），为用户推荐与他历史喜欢的内容相似或相关的内容。例如，在汽车资讯场景下，用户读了很多关于"宝马"汽车的文章，那么其列表里也会推荐跟"宝马"汽车相似的文章。值得注意的是，根据内容相似的推荐并不仅指的是标题，而是所有被认为有计算价值的文本的相似性。

计算过程也有以下几个步骤：

（1）特征提取（Item Representation）：提取能代表 Item 的特征。

（2）数据建模（Data modeling）：根据文本特征建立用户喜好的语义特征模型。

（3）推荐结果生成（Recommendation generation）：根据模型计算出与用户特征语义相似度最高的候选 Item。

在语义计算过程中往往会用到长短期记忆算法（Long-Short-Term Memory，简称 LSTM）。作为深度学习算法的一种，我们有必要介绍一下深度学习的一些基本背景。

深度学习的历史大体可以分为以下三个阶段：

（1）在 20 世纪 40—60 年代，当时深度学习被称为控制论。

（2）在 20 世纪 80—90 年代，此期间深度学习被誉为联结学习。

（3）从 2006 年开始才以"深度学习"这个名字开始复苏（起点是 2006 年，Geoffrey Hinton 发现深度置信网可以通过逐层贪心预训练的策略有效地训练）。

而深度学习逐渐成为机器学习的显学还是从 2012 年 Geoffrey E. Hinton 的团队在 ImageNet 比赛（图像识别中规模最大、影响最大的比赛之一）中使用深度学习方法获胜之后。自此，深度学习的研究突飞猛进，不仅在图像识别领域，在学术界顶级的学术会议中关于深度学习的研究也越来越多，如 CVPR、ICML 等。工业界也贡献了越来越多的计算支持或者框架，如 Nivdia 的 cuda、cuDnn，Google 的 tensorflow 等，为深度学习的研究和发展立下了汗马功劳。可以预见的是，随着可以使用的训练数据量的逐渐增加，深度学习的应用空间必将越来越大；随着计算机硬件和深度学习软件基础架构的改善，深度学习模型的规模必将越来越大。总之，深度学习处于快速发展的快车道上，未来可期。

回到 LSTM 算法，其是一种特殊的循环神经网络（Recurrent neural network，简称 RNN），RNN 是一系列能够处理序列数据的神经网络的总称。RNN 在处理长期依赖（时间序列上距离较远的节点）时会遇到巨大的困难，LSTM 模型作为门限 RNN 中最著名的一种，被研究人员提出用来解决 RNN 模型梯度弥散的问题。以下为其单一节点的结构图。如图 7－2 所示。

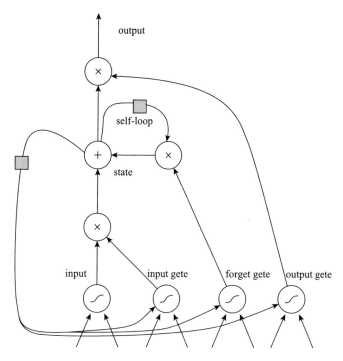

图 7 - 2　LSTM 的 CELL 示意图

在传统的 RNN 中, 训练网络的方法使用的是反向传播算法 (Back Propagation Through Time, 简称 BPTT)。当时间比较长时, 需要回传的残差呈指数级下降, 导致网络权重更新缓慢, 无法体现 RNN 的长期记忆效果, 因此需要一个存储单元来存储记忆, LSTM 模型的思想是将 RNN 中的每个隐藏单元换成具有记忆功能的 Cell, 解决 RNN 中的长期依赖问题。关于 LSTM 模型的技术理论非常庞杂, 故不对技术细节进行详述。

在 LSTM 模型运行过程中, 全量的文本通过分词、降维、去噪、文本向量化完成文本的特征抽取, 并通过大量的文本的文本特征生成语义模型, 一般来说可能会涉及 LSI、LDA 和 Doc2vec 等语义算法 (不同文本长度适用不同的语义算法)。所有的文本在语义模型中都可以计算出两两之间的距离 (即可以理解为所有的词语都会在 600 维 × 600 维的语义模型中找到一个可被计算机识别的坐标点），那么当用户发生新的用户行为时，所发生行为的内容会根据以上的过程进入语义模型中，并与其他文本进行两两矩阵计算，从而计算出此内容距离最接近的内容文本有哪些，并按照距离（相似度）的远近以相似度权重的形式返回给用户，也就是用户所看到的一篇篇的推荐内容都是根据相似度权重的大小排列进行展示的。如图 7-3 所示。

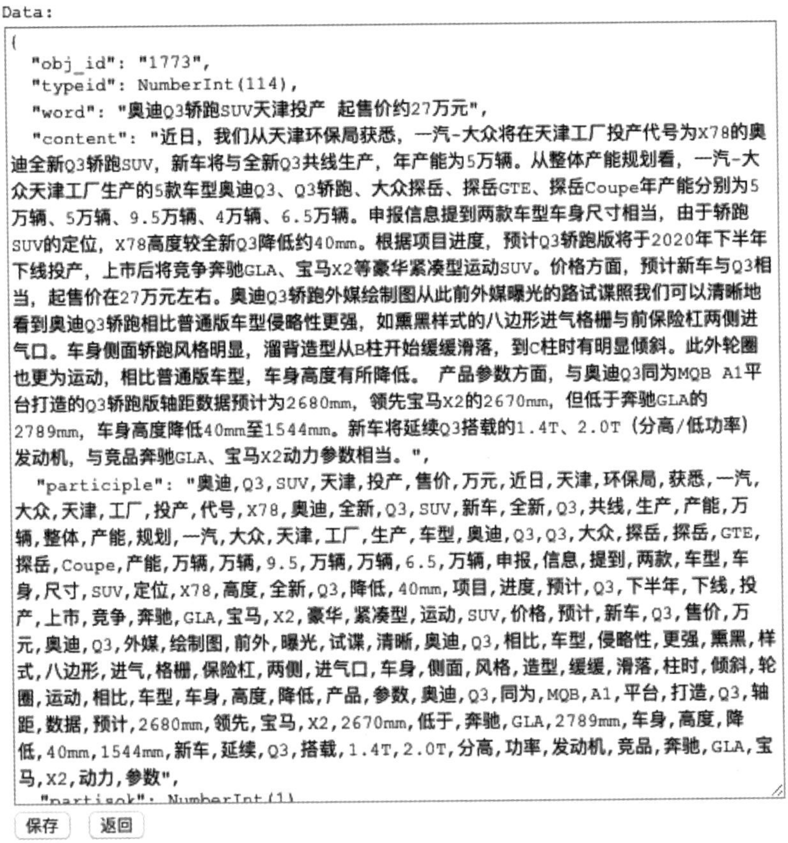

Data:
```
{
  "obj_id": "1773",
  "typeid": NumberInt(114),
  "word": "奥迪Q3轿跑SUV天津投产 起售价约27万元",
  "content": "近日，我们从天津环保局获悉，一汽-大众将在天津工厂投产代号为X78的奥迪全新Q3轿跑SUV，新车将与全新Q3共线生产，年产能为5万辆。从整体产能规划看，一汽-大众天津工厂生产的5款车型奥迪Q3、Q3轿跑、大众探岳、探岳GTE、探岳Coupe年产能分别为5万辆、5万辆、9.5万辆、4万辆、6.5万辆。申报信息提到两款车型车身尺寸相当，由于轿跑SUV的定位，X78高度较全新Q3降低约40mm。根据项目进度，预计Q3轿跑版将于2020年下半年下线投产，上市后将竞争奔驰GLA、宝马X2等豪华紧凑型运动SUV。价格方面，预计新车与Q3相当，起售价在27万元左右。奥迪Q3轿跑外媒绘制图从此前外媒曝光的路试谍照我们可以清晰地看到奥迪Q3轿跑相比普通版车型侵略性更强，如熏黑样式的八边形进气格栅与前保险杠两侧进气口。车身侧面轿跑风格明显，溜背造型从B柱开始缓缓滑落，到C柱时有明显倾斜。此外轮圈也更为运动，相比普通版车型，车身高度有所降低。 产品参数方面，与奥迪Q3同为MQB A1平台打造的Q3轿跑版轴距数据预计为2680mm，领先宝马X2的2670mm，但低于奔驰GLA的2789mm，车身高度降低40mm至1544mm。新车将延续Q3搭载的1.4T、2.0T（分高/低功率）发动机，与竞品奔驰GLA、宝马X2动力参数相当。",
  "participle": "奥迪,Q3,SUV,天津,投产,售价,万元,近日,天津,环保局,获悉,一汽,大众,天津,工厂,投产,代号,X78,奥迪,全新,Q3,SUV,新车,全新,Q3,共线,生产,产能,万辆,整体,产能,规划,一汽,大众,天津,工厂,生产,车型,奥迪,Q3,Q3,大众,探岳,探岳,GTE,探岳,Coupe,产能,万辆,万辆,9.5,万辆,万辆,6.5,万辆,申报,信息,提到,两款,车型,车身,尺寸,SUV,定位,X78,高度,全新,Q3,降低,40mm,项目,进度,预计,Q3,下半年,下线,投产,上市,竞争,奔驰,GLA,宝马,X2,豪华,紧凑型,运动,SUV,价格,预计,新车,Q3,售价,万元,奥迪,Q3,外媒,绘制图,前外,曝光,试谍,清晰,奥迪,Q3,相比,车型,侵略性,更强,熏黑,样式,八边形,进气,格栅,保险杠,两侧,进气口,车身,侧面,风格,造型,缓缓,滑落,柱时,倾斜,轮圈,运动,相比,车型,车身,高度,降低,产品,参数,奥迪,Q3,同为,MQB,A1,平台,打造,Q3,轴距,数据,预计,2680mm,领先,宝马,X2,2670mm,低于,奔驰,GLA,2789mm,车身,高度,降低,40mm,1544mm,新车,延续,Q3,搭载,1.4T,2.0T,分高,功率,发动机,竞品,奔驰,GLA,宝马,X2,动力,参数",
  "partisok": NumberInt(1)
```

保存　返回

图 7-3　mongo 中的文本分词示意图

在正常的用户行为操作环境中，不仅内容有时间的限制（超过多少天的内容从模型中移除），用户的操作也是有时效性区别的。用户今天看的内容，跟用户前天甚至一个星期前看的内容对于用户当下的需求大小肯定是不一样的。那么，我们该如何处理基于内容推荐的时间问题呢？

为了解决这个问题，我们可以引入一个兴趣衰减机制，即让用户的关键词表中的每个关键词喜好程度都按一定周期保持衰减。考虑不同词的 TFIDF 值可能存在的差异已经在不同的数量级，我们考虑用指数级衰减的形式来相对进行公平的衰减，即引入一个系数，每隔一段时间，对所有用户的所有关键词喜好程度进行指数级的衰减，那么就完成模拟用户兴趣迁移的过程。

可以这么说，基于内容的推荐算法几乎是所有的推荐业务场景都会用到的主流算法，但是其无法挖掘用户的潜在兴趣（Over-specialization）。如果一个人只看与历史行为有关的文章，那 CB 只会给他推荐更多与此相关的文章，会让用户进入信息茧房，但其推荐相似结果的特性能帮助用户尽快地聚焦自己的兴趣。这也是大部分用户登录淘宝、今日头条，认为有智能推荐体验的主要算法。

二、基于协同过滤的推荐算法

基于内容的推荐算法会带来一系列的问题，例如会让用户进入信息茧房，无法进行冷启动（新用户）的推荐，所以在大多数业务场景下，智能推荐都需要应用到基于协同的推荐算法（CF），并与 CB 融合推荐。CF 是一类算法，指的是对哪些数据进行怎样的协同，以及协同之后怎样过滤，这些是 CF 的重点。

基于协同的 CF，其背后隐含的逻辑是每个人对自己兴趣的认知是片面的、不自知的。即没见过的东西，每个人是不知道也

不确定自己是否会喜欢。所以，CF 依赖"群体共性""群体智慧"挖掘潜在的、可能会被用户喜欢的内容并推荐给用户。CF 也是最早、最经典的推荐算法之一，可以这么说，CF 是推荐算法的鼻祖。我们后续很多推荐算法都是基于 CF 的协同过滤思想延伸而来的。

有两类基于协同过滤的推荐算法：基于用户的协同过滤算法、基于物品的协同过滤算法。

1. 基于用户的协同过滤算法

其思想是将与当前用户行为最相似的用户群所共同感兴趣的内容集合按照评分大小推荐给当前用户。

基于用户的协同过滤算法，"协同"的对象是近邻用户行为，计算出每个用户的近邻用户之后，把这些用户的行为根据权重累加起来，形成一个共同兴趣的合集，这个合集根据权重从高到低排序，就是推荐的结果。这里面不考虑内容相似度的问题，协同是对行为做协同，过滤是被协同出来但已被当前用户访问过的结果做过滤。如图 7-4 所示。

图 7-4 艾克斯后台近邻用户输出示意图

基于用户的协同过滤算法的底层算法是近邻算法，即计算近邻用户的算法。通过计算当前用户访问的所有内容，将所有内容分词后向量化后放在一个词袋里面，将当前用户的词袋放在 600

维×600 维的矩阵里，并两两计算与其他用户之间词袋的余弦距离，得出词袋与词袋之间的相似度大小，也就得到了每两两用户的相似度大小。这时候就能找到任意一个用户与他的行为最接近的用户群，有了这个近邻用户集，我们才可以做协同过滤。

2. 基于物品的协同过滤算法

基于物品的协同过滤算法诞生于 1998 年，是由亚马逊提出的，并在 2001 年由其发明者发表了相应的论文。可以这么说，基于物品的协同过滤算法由亚马逊发扬光大，并且可以广泛地适用于电商平台和社交场景。

其思想是将访问过当前用户所访问内容的用户还访问过什么推荐给当前用户。这么说来有点拗口，简单说来就是"访问过此内容的用户还访问过哪些内容"。基本思路为：先确定用户喜欢的物品，再找到与之相似的物品推荐给用户。只不过这个相似不是内容、文本语义上的相似，而是基于用户行为反馈角度衡量的。如图 7 – 5 所示。

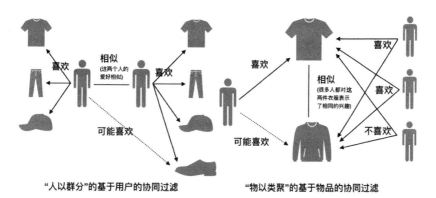

图 7 – 5　协同过滤算法简单示意图

三、基于用户行为的深度学习模型

随着技术的发展，深度学习应用的场景越来越广泛，业界也出现很多将深度学习应用于推荐系统的尝试。基于用户行为的深度学习模型最先应用于中小规模计算广告系统中，大规模的计算广告系统因巨大的吞吐量和低延迟的需要，基于成本考虑，多采用简单的回归算法来实现。

深度学习模型在推荐系统中的应用主要有两种：一是精准度更高的语义模型用于物品相似度计算；二是基于深度学习的点击概率预测。

1. 精准度更高的语义模型用于物品相似度计算

如前面所述，业内应用广泛的特征提取模型，包括 LSI、LDA、Doc2Vec 等，它们共同的目的是提取更精准的语义向量表达。随着 Google 发布 Bert 模型，将语义识别能力推向了新的高度。各种尝试将 Bert 模型引入推荐系统当中成了一种选择。经过在商业场景中的应用尝试，Bert 模型包括类似 ERNIE 优化版本确实可以带来更精准的语义表达，在较大数据场景中表现略优于传统算法。笔者根据大量推荐系统在实际业务场景中的应用得出的经验来看，更精准的语义模型对推荐系统精度的提升较为有限，反倒推高了系统部署和应用的成本，在实际业务场景中需要综合业务目标和模式进行考量。

2. 基于深度学习的点击概率预测

通过对用户行为的向量化，引入上下文因素投入深度神经网络中进行点击概率预测则要复杂得多。首先，通过将用户行为，如浏览、收藏、分享、点赞、购买、评论等，结合其行为目标进行向量化表达，以其后续 N 个行为目标作为预测点，采用基于上下文的循环神经网络进行建模。在预测时通过将已有行为投入模型中，预测后续最有可能点击的目标。该方法在逻辑上可行，但在实际使用过程中需要的调参时间过长，不可控因素过多，难以有较好的表现。其最大的问题在于，在底层逻辑上存在过多经不起推敲的假设前提。

它假定系统中的数据已知一个人的所有行为，并以此为特征来预测这个人下一步的兴趣走向。但目前没有任何一个设计系统能够涵盖和记录一个人每天的所有行为以及接收到的信息。

在现实世界中，每个人的兴趣点都是经常发生转移且极易被外界所影响的。我昨天在看奶粉，今天有个朋友说黑色星期五海淘打折很划算，我想到刚好缺一件羽绒服。这种兴趣转移和变化可能是瞬间的，可能持续 3 分钟，也可能持续 3 天，且随着时间的推移，其共性特征很难被捕获。去年流行九分裤，今年流行的可能是阔腿裤。

事实上，这种快速和易于变化带来的特征抽象非常困难，要生成一个鲁棒性强到可以支撑商用的模型，所需的单位时间内的数据规模在绝大多数商业客户的系统中都无法获得支持。

纯粹基于用户行为的深度学习模型在目前的商业化场景中较少被涉及，实际表现也并不如预期的理想。不是因为算法选择的问题，也并不是技术能力的问题，而是底层逻辑本身。

任何一种技术能够进行商用环节，都需要一个足够简单、直接的底层逻辑。这个底层逻辑是贴近真实世界的，贴近业务场景的，它的自洽能力决定了技术本身是否能够进入商业化场景。它也决定了这种技术是一种过渡技术还是一种应用技术。

四、基于关联规则的推荐

在电商领域应用较为广泛的另一种推荐算法是基于关联规则的推荐，从本质上讲它类似协同过滤算法，只是它协同的是用户自己的购买记录。典型的故事是啤酒与尿不湿的故事，虽然该故事的来源已无从考究，却是目前大众认知度最高的一个数据带来的收益的案例。

故事的内容是：北美的超市经营者通过数据分析发现，啤酒和尿不湿在同一张订单中出现的概率较高。于是深入下去研究，发现在家庭中买尿不湿的事情大都由家里的男人去做，而男人在买尿不湿的时候总会随手带几罐啤酒。于是，超市通过调整货架摆放，把尿不湿和啤酒放在一起，让更多男人在买尿不湿的时候随手带几罐啤酒，结果啤酒销售量大增。

故事本身相当经不起推敲，例如尿不湿和啤酒总是要一起买，那么就不应该把它们放在一起，而是保持一些距离。在动线设计上让用户行走在两种商品的过程中摆放男人会随手带的一些其他商品，收益率也许会更高。我们暂不去讨论这个故事的可信度，这个故事反映了关联规则推荐背后最朴素的逻辑：**其他用户经常把哪些商品放在一起购买，我也应该有这方面的需要。**

它的实现逻辑也相当朴素，以用户已购买的历史商品作为输入，以其之后购买的商品作为输出，建立模型。之后，将任意用户之前的购物记录作为输入，预测其之后购买哪些商品的概率更高。至于算法本身，无论是采用回归算法，还是其他算法模型，在本质上都没有很大的变化。事实上，传统的回归模型即可实现较好的拟合和鲁棒性。

但该算法的应用场景较为狭窄，且指向性很强。该算法的设计思路基于提升提篮购物率（用户在一个购买订单中的商品数量越多越好）的理念。它能够去发现那些不易被运营人员捕捉到，但又较为常见的固定购物场景，如不同用户每周逛一次超市，采购的生活用品总是类似的：常买牛肉的人会时不时地买一盒牙签。

事实上，在电商领域，一方面，不存在线下实体商超中两个商品相距较远的情况，用户很容易在不同商品之间跳转；另一方面，随着平台的成熟度越来越高，这种场景捕捉能够覆盖的人群越来越少，运营人员面临的问题是，**如何更好地引导无明确目的用户的闲逛式消费**。

该算法在电商平台尚未成熟的时候效果较为明显，随着电商平台的逐步成熟，收益将会越来越小。这是多数推荐系统和推荐算法都面临的问题，也是成熟的推荐系统应当随着业务不断演进的，成熟的商用推荐系统应当是能够提供多种算法用于支持客户在不同业务阶段的实际需要的。

五、其他更多算法在推荐系统中的尝试

1. RFM 模型的应用

RFM 是最近一次消费（Rencency）、消费频率（Frequency）、消费金额（Monetary）三个指标英文首字母的组合。RFM 模型是传统客户关系管理（CRM）中常用到的模型，属于用户客群分析的范畴。

从 20 世纪 90 年代以来，RFM 模型广泛应用于成熟的 CRM 系统中，并被认为是 CRM 系统应用最成熟也最有效的经典客户管理模型。近年来，随着"用户画像"概念的火爆，有一些推荐系统提供商开始将该模型重新拿出来，进行"用户画像"的构

建，甚至尝试将其投入推荐系统当中。

各种数据也表明，该方法对推荐系统的帮助是非常有限的。本质上来说，**RFM** 模型是一种离线模型，重在分析，它可以用来反映用户的消费特征，但对消费了什么并不关注。作为一种用于客户营销的离线模型，它更多地用于重复购买率的提升，沉默用户唤醒等场景上。推荐系统对实时性的要求，用户实际需求的挖掘上粒度更细，销售分群的特征对这种挖掘的影响微乎其微。

2. 知识图谱在推荐系统中的应用

随着知识图谱在不同行业中的成功应用，也有一些推荐引擎宣称采用了知识图谱来进行推荐。在笔者看来，这种应用本身的噱头大于实用性。我们先来看看知识图谱是什么。

知识图谱的本质是通过对文本中实体对象和行为的识别，来探讨理论文本内在的含义，在自然语义领域里有着非常重要的地位和作用，是人类理解文字信息本身的一种尝试。它希望通过一系列的定义定量，建立起一套规则来破解文字背后的真实意图。

例如，刘小华祖籍是湖南长沙。通过命名实体识别的技术识别：刘小华是人名，湖南长沙是地名，祖籍是一种关系。当我们识别出这些信息之后，文字本身便有了意义，任何一段文本我们都可以知道它表达了什么，背后代表的意义是什么。当然，这是理想状态。事实是，即使我们可以做到极精确的实体和关系识别，我们也无法穷举所有的人类表达。例如，祖籍是指祖父的出生地，刚才那句话表达成"刘小华的爷爷出生在湖南长沙"。你如果要了解刘小华的祖籍，就需要建立一种关系：祖籍＝祖父的出生地。试问，一个系统需要预先定义好多少种关系才可以表述清楚整个人类知识？

　　事实上，在封闭知识领域里，知识图谱的应用非常广泛，作用很大，我们可以穷举可能出现的所有表达关系。这在部分商业场景中是可行的，特别是一些具备简单知识域的领域里，例如指定行业的指定场景下（登报申明的识别、协查通报的识别）。到目前为止，在商业领域里最具雄心的知识图谱尝试，是 IBM 在法律和医疗领域的知识图谱。IBM 希望构建一套知识图谱体系去自动阅读医疗论文、法律条款，辅助医生和律师的决策。虽然这两个项目的推进都算不上成功实施，但我们可以看到，这是具备可行性的，因为这两个行业各自业内的知识表达方式是可以被穷举的。如图 7 - 6 所示。

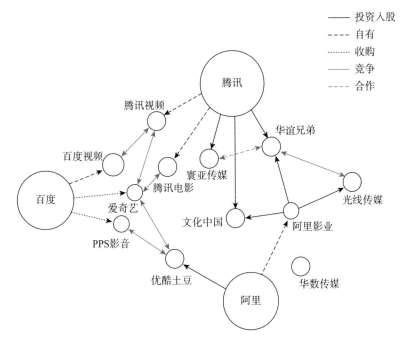

图 7 - 6　知识图谱简单示意图

　　回到我们在本书中讨论的，知识图谱在推荐系统中的应用。最大的问题有以下两点：

第一，知识图谱技术是用来理解文本信息自身的含义，而推荐系统采用的是可计算的概率模型，并不关心语义本身代表的究竟是什么。也许有些人会拿苹果来举例，一个用户的行为里出现了苹果，我们要去识别他说的苹果是水果中的苹果，还是手机中的苹果。这是典型的以偏概全了，基于概率的语义模型并不以单个词语来作为语义表达，而是结合上下文的表述。一篇讲了很多摄像头的与苹果有关的文本，在概率模型中与讲了很多产地、阳光、土壤的与苹果有关的文本，在表达上是天差地别的。虽然他们都不理解到底什么是苹果。

第二，大多数推荐系统所处的商业场景中，知识域都不是封闭的，要做出一个可用的知识图谱其成本远超商业价值。IBM 花费 10 年时间、数十亿美元才打造出法律和医疗两个封闭度较高领域的知识图谱，在商用上仍然遇到了诸多阻力。以此为鉴，从投入的产出比来看，很难理解一个推荐系统具备完善的全知识领域的知识图谱。

老板·创业			
一、经理人			
书名	内容	书名	内容
老总有想法，高层有干法 王清华 著	企业将、帅之间的定位问题、角色问题、方法问题、思维问题、管理问题等	历史深处的管理智慧1：组织建设与用人之道 刘文瑞 著	通过历史鉴照当今企业选人用人、二代接班人、创业团队管理等问题
历史深处的管理智慧2：战略决策与经营运作 刘文瑞 著	通过历史鉴照当今企业决策、战略规划、战略冒进、决策监督等问题	历史深处的管理智慧3：领导修炼与文化素养 刘文瑞 著	通过历史鉴照当今企业的领导修养、用权、管理风格等问题
老板经理人双赢之道 陈明 著	经理人怎样选平台、怎么开局，老板怎样选/育/用/留		
二、用人			
用好骨干员工 王敏 著	系统化分享关键人才打造与激励方法	领导这样点燃你的下属 孟广桥 著	领导者如何才能让员工积极主动地工作
让用人回归简单 宋新宇 著	帮助管理者抓住用人的要害，让用人变得简单		
三、转型·创业			
创业要过哪些坎 董坤 著	15年创业咨询经验总结的创业遇到的问题及办法	高潜牛人 董坤 著	创业和事业发展中如何找到牛人
成为下一个SaaS独角兽 崔牛会 主编	19位SaaS领专家，7个不同的视角总结SaaS行业实践	创模式：23个行业创新案例 段传敏 著	CEO社群23位企业家的思考与实践分享。
重生——中国企业的战略转型 施炜 著	本书对中国企业战略转型的方向、路径及策略性举措提出了建议和意见。	7个转变，让公司3年胜出 李蓓 著	企业估值、业务模式、营销、生产制造、客户服务、用户黏性到组织管理7个转变
企业二次创业成功路线图 夏惊鸣 著	五步骤给出了一幅企业二次创业经营突破、管理提升的成功路线图	跟老板"偷师"学创业 吴江萍 余晓雷 著	如何通过"偷师"学习与积累当老板的阅历
公司由小到大要过哪些坎 卢强 著	企业成长路线图，现在我在哪，未来还要走哪些路，都清楚了	跳出同质思维，从跟随到领先 郭剑 著	66个精彩案例剖析，帮助老板突破行业长期思维惯性
企业经营			
经营打造你的盈利系统 高可为 著	选择最有效的经营策略，打造属于自己的商业模式	中国企业的觉醒 王涛 著	企业告别自私、野蛮，转向善良、爱，才会赢得消费者
成为敏感而体贴的公司 王涛 著	未来有竞争力的企业，一定是那些敏感而体贴的公司！	有意识的思考 王涛 著	对头脑中固有观念保持觉察，从而超越它们的局限
简单思考 孔祥云 著	著名咨询公司（AMT）CEO创业历程中的经验与思考	写给企业家的公司与家庭财务规划 周荣辉 著	以企业的发展周期为主线，写各阶段企业与企业主家庭的财务规划

书名	内容	书名	内容
从 10 亿到 100 亿的企业顶层设计 刘建兆 著	重新定义企业成长方式，有效益、有效率、有效能、有效果、有品质的良性成长。	活系统：跟任正非学当老板 孙行健 尹贤 著	造活系统，使系统活，靠系统活，活得系统。
宗：一位制造业企业家的思考 刘建兆 著	发展 20 年营业额近亿元制造业企业家的思考与心得	使命：驱动企业成长 高可为 著	用大企业发展轨迹及企业家的心路历程，揭示企业成长的基因，做事的逻辑
让经营回归简单 宋新宇 著	战略、客户、产品、员工、成长、经营者的经营法则	边干边学做老板 黄中强 著	86 个案例讲述中小公司成长过程遇到的问题和方法
盈利原本就这么简单 高可为 著	跨越业务与财务边界，为企业提高盈利水平提供方法。		

综合管理			

一、企业管理			
让管理回归简单 宋新宇 著	从目标、组织、决策、授权、人才、老板自己等提供方案	管理的尺度 刘文瑞 著	西医式的体检化验，又要施加中医式的望闻问切
管理：以规则驾驭人性 王春强 著	人性驾驭角度权度运筹安排的可兑现性，管理有效性	看电影，学管理 刘文瑞 著	十六部电影的解读，揭示电影内含的管理之道
好管理 靠修行 曾伟 著	从佛法、道法思想中寻找管理智慧	公司大了，怎么管 金国华 著	成长型企业发展中的共性问题，通过案例实录解开
低效会议怎么改 王玉荣 葛新红 著	从梳理公司会议体系的层面改变低效会议的现状	年初订计划年尾有结果 郭晓 著	总结七步落地方案让战略计划切实落地实现
分股合心 段磊 周剑 著	围绕股权激励，详细介绍相关知识和实行方法	员工心理学超级漫画版 邢磊 著	漫画形式对组织中个体心理的全面介绍和深入探讨
让投诉客户满意离开 孟广桥 著	投诉法律法规，应对各种投诉技巧等提升客诉能力		

二、管理思想			
管理学的奠基者 刘文瑞 著	近代以来的管理思想发展揭示管理思想的演化奥秘	巴纳德组织理论研读 郭威 著	深度研读巴纳德《经理人员的职能》，帮你理解和看懂
管理学在中国 刘文瑞 著	科学看待管理学流入中国，对继承发展进行深入阐述	德鲁克管理学 张远凤 著	以德鲁克管理思想发展为线展示 20 世纪管理学发展
德鲁克与他的论敌们 罗珉 著	德鲁克与马斯洛、戴明等诸多管理大师论战的故事	德鲁克管理思想解读 罗珉 著	作为德鲁克学生全面解构其思想的精髓与实践价值
治论：中国古代管理思想 张再林 著	深入分析中国古代哲学基本精神的基础上，梳理分析了儒法墨三家的管理思想		

营销·销售

一、企业销售

书名	内容	书名	内容
大客户销售这样说这样做 陆和平 著	大客户销售活动的十大模块，68个典型销售场景	向高层销售 贺兵一 著	销售人员与客户高层打交道需要重点掌握的知识、技巧
资深大客户经理 叶敦明 著	将大客户经理必须具备的规划、策略、执行三种能力连通自如	成为资深的销售经理 陆和平 著	让销售经理成功把握销售管理6个关键点，并提供工具
销售是个专业活 陆和平 著	据客户采购流程拆分销售过程10阶段，讲解方法技巧	学话术 卖产品 张小虎 著	手机、电动车、家电、食品等消费品的一线销售话术

二、企业营销

书名	内容	书名	内容
新营销组织力 迪智成 著	适应最新数字化外部环境，系统化协同组织能力建设	营销按钮 老苗 著	讲述存在于人性以及各个营销环节中的"按钮"
精品营销战略 杜建君 著	"精品营销战略"核心逻辑与营销组合策略	360°谈营销 王清华 古怀亮 著	营销是立体的，从不同角度观察不同企业的营销精髓
互联网精准营销 蒋军 著	互联网时代整3体策划、包装品牌和产品	招招见销量的营销常识 刘文新 著	做好基本的营销动作都可以提高销量、减低成本
用数字解放营销人 黄润霖 著	用数字说话覆盖营销工作的方方面面	用营销计划锁定胜局 黄润霖 著	让营销计划落地，营销人员只需解决两个问题：基数与概率
我们的营销真案例 联纵智达研究院 著	五芳斋粽子、诺贝尔瓷砖、利豪家具、保健品、娃哈哈	中国营销战实录 联纵智达研究院 著	51个案例，46家企业，46万字，18年积淀
弱势品牌如何做营销 李政权 著	产品与物流通道、服务通道、促销互动通路提供方法	解决方案营销实战案例 刘祖轲 著	十大工业品作者实操案例解码解决方案营销
升级你的营销组织 程绍珊 吴越舟 著	根据企业实际情况建立有机性营销组织	变局下的营销模式升级 程绍珊 叶宁 著	十年大量案例归纳三种核心驱动要素，三种升级方向
老板如何管营销 史贤龙 著	以十六个招式，理论与案例相结合，高段位营销方法	孙子兵法营销战 刘文新 著	理解《孙子兵法》原意的同时，还可体悟到营销之用

三、品牌

书名	内容	书名	内容
中国品牌营销十三战法 朱玉童 著	深度演绎最符合企业品牌营销策划的十三套实战战法	中小企业如何打造区域强势品牌 吴之 著	如何建立强势品牌的角度解析扩张难题

四、营销策划

书名	内容	书名	内容
这样写文案，就没有卖不动的产品 秦剑 刘安丽 著	术、法、道三个层面由浅至深培养商业文案创作能力	洞察人性的营销战术 沈坤 著	介绍了28个匪夷所思的营销怪招，大部分甚至可以直接运用

书名	内容	书名	内容
双剑破局：沈坤营销策划案例集 沈 坤 著	双剑公司8年来的实操案例，每个项目诞生过程、策划角度和方法		
企业案例			
鲁花：一粒花生撬动的粮油帝国 余 盛 著	鲁花如何成长为优秀的带动农业产业发展的品牌，鲁花你一定学得会	金龙鱼背后的粮油帝国 余 盛 著	以金龙鱼为脉的一部中国粮油行业的史诗
你不知道的加多宝 曲宗恺 牛玮娜 著	以时间为轴线，详细叙述了加多宝品牌的发展历程	静水流深 黄治国 著	作者在美的十五年对何享健近内部讲话资料的整理
娃哈哈区域标杆 罗宏文 快车君 赵晓萌 寇尚伟	讲娃哈哈豫北市场如何成为娃哈哈全国第一大市场、全国增量第一的市场	借力咨询：德邦成长背后的秘密 官同良 王祥伍 著	德邦将自己积累的与咨询公司发展共赢的合作逻辑和盘托出
六个核桃凭什么从0过100亿 张学军 著	全视角深度解读养元企业的裂变成长，复盘十年蜕变轨迹	像六个核桃一样 王 超 著	六个核桃为什么卖得这么好，产品畅销的6大要义36条简明法则
中国首家未来超市 IBMG集团 著	对乐城超市的掌门人及内部员工的采访详细阐释了乐城的经验	三四线城市超市如何快速成长：解密甘雨亭 IBMG集团 著	甘雨亭的许多关键经营指标均高于行业标准，学习其成功的方法
集团化企业阿米巴实战案例 初勇钢 著	作者在某酒厂推行阿米巴经营模式的心得		
经销商			
新经销：新零售时代教你做大商 黄润霖 著	探访近100位经销商在传统营销手法上的创新，传统营销微创新和新营销本地化	商用车经销商运营实战 杜建君 王朝阳 章晓青 著	对商用车经销商的经营与管理、4S店运营做了全方面的系统总结
跟行业老手学经销商开发与管理 黄润霖 著	从管理耐用消费品经销商角度提炼了48个代表性问题并给出解决办法	快消品经销商如何快速做大 黄润霖 著	经销商如何通过经营实现规模，通过管理实现规模效益
建材家居经销商实战42章经 王庆云 著	经营管理的心法和战法，帮助经销商成为"业务妙手"和"管理能手"	成为最赚钱的家具建材经销商 李治江 著	针对建材家居行业的经销商，从销售模式、产品、门店、市场等方面给出方法
白酒经销商的第一本书 唐江华 著	经销商如何选择厂家、合作、运营品牌等问题给建议	快消品招商的第一本书 刘 雷 著	从招商理论到招商动作进行系列化分解，化繁为简
中小企业			
中小企业如何打造区域强势品牌 吴 之 著	如何建立强势品牌的角度解析扩张难题	用流程解放管理者 张国祥 著	8个板块构成，共66篇文章，14幅流程管理图
用流程解放管理者2 张国祥 著	对中小企业规范化流程管理进行系统的阐述	弱势品牌如何做营销 李政权 著	产品与物流通道、服务通道、促销互动通路提供方法

书名	内容	书名	内容
本土化人力资源管理 8 大思维 周 剑 著	用最贴近中国中小企业现实管理情境的案例去讲述周围人的"家事"	中小农业企业品牌战法 韩 旭 著	农业企业需要全产业链视野，更需要品牌实战方法
门店销售冠军复制系统 王吉坤 著	门店型企业如何打造可复制的销售冠军系统，凡是门店型企业都可以使用	新零售动作分解与实操：建材·家居·家具 盛斌子 著	对泛家居行业趋势、店面管理、团队管理、促销推广、五感营销等提供策略
家具建材促销与引流 薛 亮 李永锋 著	对泛家居营销执行模式和工具、关键环节等进行汇总	建材家居门店 6 力爆破 贾同领 著	产品力、导购力、形象力、推广力、服务力、组织力
家具行业操盘手 王献永 著	总结家具终端门店发展的现状及问题并给出策略	手把手教你做专业督导 熊亚柱 著	系统梳理督导的核心技能、岗位职责、工作流程及技能
手把手帮建材家居导购业绩倍增 熊亚柱 著	针对建材家居门店的业务人员，案例故事还原场景教你成为好导购	10 步成为最棒的建材家居门店店长 徐伟泽 著	梳理店长管理的核心工作职责，店面管理规范和帮助销售人员成长
建材家居门店销量提升 贾同领 著	9 个板块讲述建材门店一个单店如何做到经营的良性循环	总部有多强大，门店就能走多远 IBMG 集团 著	五大方向综合阐述连锁零售企业总部如何提升管理能力
赚不赚钱靠店长，从懂管理到会经营 孙彩军 著	注重专卖店的经营思路拓展，门店管理细节方面能力提升	新医改了，药店就要这样开 尚 锋 著	从药店定位的思考，内部和会员管理等几个方面探讨中小型药店发展方向
门店管理			
电商来了，实体药店如何突围 尚 锋 著	新时代药店经营三驾马车：药学专业服务、会员贴心服务和精准定向促销	引爆药店成交率1：店员导购实战 范月明 著	药店人的零售工作怎样接待顾客，完善销售技巧
引爆药店成交率2：药店经营实战 范月明 著	从药店经营角度如何建立改善门店现状的实用标准	引爆药店成交率：专业化销售解决方案 范月明 著	从简单的拿药服务到提供多角度的专业解决方案
互联网			
一、互联网转型			
画出公司的互联网进化路线图 李 蓓 著	18 个"可以……吗"的问题作为你产品、客户和价值方面的指引牌	7 个转变，让公司 3 年胜出 李 蓓 著	企业估值、业务模式、营销、生产制造、客户服务、用户黏性到组织管理 7 个转变
重生战略移动互联网和大数据时代的转型法则 沈 拓 著	四个重生战略对应四个法则告知传统企业的转型重生之路	创造增量市场：传统企业互联网转型之道 刘红明 著	为读者提供了寻找这些互联网的切入点和接触点的具体方法，带来增量市场
互联网 + 变与不变 本土管理实践与创新论坛 著	61 篇精华文章，聚焦传统行业如何互联网 + 时代转型	今后这样做品牌 蒋 军 著	顶层设计、营销创新、产品战略、渠道变革、品牌策略
移动互联新玩法 史贤龙 著	立足现实，剖析新时代背景下的移动互联趋势与热点	互联网时代的成本观 程 翔 著	多维组合成本的互联网精神和大数据特征及应用

书名	内容	书名	内容
正在发生的转型升级实践 本土管理实践与创新论坛 著	100多位本土管理专家当年对最新一年的思考和实践	1000铁杆女粉丝 张兵武 著	如何让普通女性成为忠实追随的铁杆粉丝，磁力点、情感结、甜蜜区、信任圈
混沌与秩序Ⅰ：变革时代企业领先之道 彭剑锋 施炜 苗兆光 王祥伍 孙 波 夏惊鸣	新环境下企业面临变革应如何应对，作为企业家又应当如何坚守并与企业共同成长提出了深度思考	混沌与秩序Ⅱ：变革时代管理新思维 彭剑锋 施炜 苗兆光 王祥伍 孙 波 夏惊鸣	对处于时代变革下的企业管理新机制、人力资源管理新思维，组织与人的新型关系，结合案例提出优化建议
消费升级：实践·研究 本土管理实践与创新论坛 著	从经营、管理、行业三个方面记录消费升级下的实践	互联网精准营销 蒋军 著	互联网时代整体策划、包装品牌和产品
二、抖音、微信微商、电商			
抖音营销系统 刘大贺 著	抖音系统的实战营销知识，上百个从0做大的案例	金牌微商团队长 罗晓慧 著	微商团队长创业实操的指导工具书
微商生意经：真实再现33个成功案例操作全程 伏泓霖 罗晓慧 著	精心挑选的33个微商成功案例，阐述具体操作过程	快速见效的企业微信营销方法 孙巍 著	站在微信生态的立体高度系统讲述企业微信快营销方法论
阿里巴巴实战运营：14招玩转诚信通 聂志新 著	产品定位、阿里巴巴排名因素、数据分析，标题优化等如何做好阿里巴巴	阿里巴巴实战运营2：诚信通热卖技巧 聂志新 著	打开诚信通运营的金钥匙，10大具体运营技巧
三、行业新营销			
餐饮新营销 杨勇 程绍珊 著	聚焦餐饮企业转型，系统的餐饮企业营销管理体系	新零售进化路径 李政权 著	预先复盘新零售及商业的未来，找到方向
珠宝黄金新营销 崔德乾 著	珠宝业新营销/新品牌/新产品/新零售/新连接/新场景/新服务/新传播/新管理	新经销：新零售时代教你做大商 黄润霖 著	探访近100位经销商在传统营销手法上的创新，传统营销微创新和新营销本地化
新零售动作分解与实操：建材·家居·家具 盛斌子 著	对泛家居行业趋势、店面管理、团队管理、促销推广、五感营销等提供策略	新营销 刘春雄 著	让品牌商和渠道商掌握获得独立流量的能力，能够与平台商博弈
快速见效的企业网络营销方法 B2B 大宗B2C 张进 著	数据和案例90%来自作者服务的中小企业，快速全面地学习企业网络营销方法	移动互联下的超市升级 联商网专栏 著	超市未来的发展趋势，对社区超市、生鲜、全渠道建设、O2O等提出观点
百货零售全渠道营销策略 陈继展 著	零售行业的竞争重点、行业本质、战略转型、未来趋势、经验和案例	互联网时代的银行转型 韩友斌 著	银行业在互联网金融变革浪潮中所做的积极应对和转型布局
触发需求：互联网新营销样本·水产 何足奇 著	通过鲜誉案例解读阐述水产行业如何进行互联网转型	新农资如何弯道超车 刘祖轲 著	从农业产业化、互联网转型、行业营销与经营突破四个方面阐述农资企业转型

书名	内容	书名	内容
新零售 新终端 迪智成 著	将新零售系统打法做梳理并落地在新终端建设上		
医药医疗			
一、药店			
新医改了，药店就要这样开 尚锋 著	从药店定位的思考，内部和会员管理等几个方面探讨中小型药店发展方向	电商来了，实体药店如何突围 尚锋 著	新时代药店经营三驾马车：药学专业服务、会员贴心服务和精准定向促销
引爆药店成交率1：店员导购实战 范月明 著	药店人的零售工作怎样接待顾客，完善销售技巧	引爆药店成交率2：药店经营实战 范月明 著	从药店经营角度如何建立改善门店现状的实用标准
引爆药店成交率：专业化销售解决方案 范月明 著	从简单的拿药服务到提供多角度的专业解决方案		
二、药品销售			
医药第三终端：从控销到动销 诊所 基层医疗 王祥君 张芳文 著	用大量案例来梳理药企落地动销的策略、方法和技战术	医药营销：诊所开发维护与动销 张江民 著	从六个方面系统阐述基层诊所市场营销攻略
处方药合规推广实战宝典 赵佳震 著	对处方药推广体系搭建、推广人员岗位内容等六个方面进行阐述	医药代理商经营全指导 戴文杰 著	从产品选择、价格体系设计、路径管理等维度描述代理商产品操作的基本策略
处方药零售这样做 田军 著	处方药零售的重要性及做市场的具体措施和方法	OTC医药代表药店开发与维护 鄢圣安 著	一位从初级OTC医药销售代表成长起来的销售经理的经验分享
OTC医药代表药店销售36计 鄢圣安 著	以《三十六计》为线，写OTC医药代表向药店销售的一些技巧与策略		
三、药企转型			
药企战略·运营与医药产业重构 杜臣 著	对医药产业的深度认知与发展趋势结合，战略思考与经营操作相统一	医药行业大洗牌与药企创新 林延君 沈斌 著	围绕着创新介绍医药行业，介绍近百家医药企业创新实践案例
医药新营销 史立臣 著	从药企最关心的八个方面阐述制药企业、医药商业企业营销模式转型	医药企业转型升级战略 史立臣 著	商业模式转型、管理转型、定位转型、运营模式转型和跨界转型五方面阐述转型
新医改下的医药营销与团队管理 史立臣 著	立足新医改相关政策的解读，为中小医药企业出谋划策	在中国，医药营销这样做 段继东 著	时代方略在医药营销领域思想、方法文章的精选合集
四、新医疗			
成为医疗器械领军者 王强 著	中小型医疗器械生产企业和代理商怎样转型	新型诊所经营与创新 动脉网 著	对新型诊所从标准化管理、经营方式、团队建设、连锁模式四个方面进行解读

书名	内容	书名	内容
医美新风口：颜值经济下的亿万市场 动脉网 著	详细介绍中国医疗美容行业的发展趋势，现状以及医美产业链等	互联网医院：正在发生的医疗新变革 动脉网 著	介绍互联网医院的建设与运营、管理，发展模式和市场布局，以及发展规律
快消品			
一、快消案例			
中国快消品营销这些年 史贤龙 著	一本书浓缩快消品营销15年的实战历程与前沿思考	这样打造大单品 迪智成 著	通过13个大案例帮助企业梳理打造大单品的路径
你不知道的加多宝 曲宗恺 牛玮娜 著	以时间为轴线，详细叙述了加多宝品牌的发展历程	娃哈哈区域标杆 罗宏文 快车君 赵晓萌 寇尚伟	讲娃哈哈豫北市场如何成为娃哈哈全国第一大市场、全国增量第一的市场
六个核桃凭什么从0过100亿 张学军 著	全视角深度解读养元企业的裂变成长，复盘十年蜕变轨迹	像六个核桃一样 王超 著	六个核桃为什么卖得这么好，产品畅销的6大要义36条简明法则
5小时读懂快消品营销 陈海超 著	20年快速消品市场风云洞察解码，丰富的案例解析		
二、快消品区域经理			
快消品营销团队管理 刘雷 伯建新 著	快消品团队管理相关的20余个工具＋20余个案例	这样打造快消品区域标杆 罗宏文 牛玉龙 著	分为两篇解决如何成功打造标杆市场和进行持续增量管理两大问题
成为优秀的快消品区域经理（升级版） 伯建新 著	作为区域经理的"速成催化器"，升级版增加11篇内容	快消老手都在这样做：区域经理操盘锦囊 方刚 著	一线成长起来的资深快消品营销人"压箱底"绝活亲囊而授
快消品营销人的第一本书 刘雷 伯建新 著	针对一线厂家业务员工作中常遇到的问题给予建议	销售轨迹：一位快消品营销总监的拼搏之路 秦国伟 著	一个普通营销人的故事，16年背井离乡的职场拼搏之路
快消品营销：一位销售经理的工作心得2 蒋军 著	从市场操作、团队管理、传播推广、营销的具体策略和战略等方面提供方法		
三、快消品动销			
动销：产品是如何畅销起来的 余晓雷 著	怎么被消费者买走和竞争对手是谁这两个原点解决动销问题	动销操盘：节奏掌控与社群时代新战法 朱志明 著	用七个章节阐述关于动销操盘的要诀，节点、节奏、主次、条件匹配性等问题
动销四维：全程辅导与新品上市 高继中 著	从产品、渠道、促销和新品上市四个方面详细讲解提高动销的具体方法		
四、快消品渠道			
深度分销 施炜 著	流道价值链、模式选择、渠道策略与管理、零售经销商管理、最佳实践、团队建设	通路精耕操作全解周俊 陈小龙 著	对康师傅制胜法宝通路精耕进行系统介绍与说明，图表和完善入微的操作方法

书名	内容	书名	内容
酒水饮料快消品餐饮渠道营销手册 朱伟杰 著	对餐饮渠道深入挖掘，建立适合餐饮渠道发展的服务模式和组织保障措施	快消品经销商如何快速做大 杨永华 著	经销商如何通过经营实现规模，通过管理实现规模效益
快消品营销与渠道管理 谭长春 著	解决日常涉及的渠道管理、市场、产品等营销事务	快消品招商的第一本书 刘雷 著	从招商理论到招商动作进行系列化分解，化繁为简
采纳方法：化解渠道冲突 朱玉童 著	21个最新的渠道冲突案例立体地介绍渠道冲突的现象和方法		
五、快消品企业战略			
重构：快消品企业重生之道 杨永华 著	从战略，品牌，市场，产品，营销，系统，管理7个方面进行重构	变局下的快消品实战策略 杨永华 著	从5个角度针对快消品企业如何应对行业变局给出答案
新营销 刘春雄 著	让品牌商和渠道商掌握获得独立流量的能力，能够与平台商博弈	采纳方法：破解本土营销8大难题 朱玉童 著	破解困扰营销人的八大难题变给出解决方法
白酒营销培训宝典：复制高业绩 刘孝鞅 著	总结白酒营销人员系统运作市场的要点，转化为易学可复制的动作和工具表单	酒水饮料快消品餐饮渠道营销手册 朱伟杰 著	对餐饮渠道深入挖掘，建立适合餐饮渠道发展的服务模式和组织保障措施
白酒营销的第一本书 唐江华 著	多角度阐释白酒一线市场操作的最新模式和方法	白酒经销商的第一本书 唐江华 著	经销商如何选择厂家、合作、运营品牌等问题给建议
白酒到底如何卖 赵海永 著	多角度地阐释了白酒一线市场操作的最新模式和方法	白酒到底如何卖2：从市场培育到动销 赵海永 著	系统化、标准化、模式化的促成动销的实战操作方式和方法
变局下的白酒企业重构 杨永华 著	白酒企业重构期的营销战略与实操策略6大方法	酒业转型大时代 微酒 著	酒水营销、新闻资讯及行业分析、预测的知识宝典
区域型白酒企业营销必胜法则 朱志明 著	以36条法则从战略、营销、推广、产品线、品牌、市场、战术、等方面提供方法	10步成功运作白酒区域市场 朱志明 著	从市场攻守、产品攻略、新品上市、占领渠道、促销等十个层面阐述
茶·调味品·油·乳业			
营销中国茶：2小时读懂茶叶营销 史贤龙 著	中国茶营销的"困局""破局"和"创举"	中国茶叶营销第一书 柏夑 著	纵览中国茶叶市场的全局，并且有针对性地提出问题并阐述解决方法
调味品营销第一书 陈小龙 著	15年监控中国市场50个中外著名调味品品牌市场运作、管理等得到的经验总结	调味品企业八大必胜法则 张戟 著	提炼了调味品企业八大规律性的关键成功要素
食用油营销的第一本书 余盛 著	从小包装油行业概述到产品的基本知识，从基本执行动作到品牌整体策划等	鲁花：一粒花生撬动的粮油帝国 余盛 著	鲁花如何成长为优秀的带动农业产业发展的品牌，鲁花你一定学得会

书名	内容	书名	内容
金龙鱼背后的粮油帝国 余 盛 著	以金龙鱼为脉的一部中国粮油行业的史诗	乳业营销的第一本书 侯军伟 著	区域型乳品企业如何才能够稳健的发展
工业品			
一、工业品销售			
大客户销售这样说这样做 陆和平 著	大客户销售活动的十大模块，68 个典型销售场景	销售是个专业活 B2B 陆和平 著	据客户采购流程拆分销售过程 10 阶段，讲解方法技巧
成为资深的销售经理： B2B 工业品 陆和平 著	让销售经理成功把握销售管理 6 个关键点，并提供工具	一切为了订单：订单驱动下的工业品营销实践 唐道明 著	以订单流程的三个环节为主线讲述工业品营销管理新思路
二、工业品营销			
工业品营销管理实务（第 4 版） 李洪道 著	是信任导向工业品营销体系的深化版、工业品营销管理体系优化咨询升级版	工业品企业如何做品牌 张东利 著	为当下中国制造的品牌化转型提供经过实践证明的理念、方法和体系
工业品市场部实战全指导 杜 忠 著	解决职能不清、市场部五大职能如何运作、职业发展路径等具体问题	解决方案营销实战案例 刘祖轲 著	十大工业品作者实操案例解码解决方案营销
资深大客户经理：策略准 执行狠 叶敦明 著	将大客户经理必须具备的规划、策略、执行三种能力连通自如		
三、工业品企业			
变局下的工业品企业 7 大机遇 叶敦明 著	探索工业品企业成长的新机会，7 大战略与战术性机会	两化融合管理体系贯标流程与方法 戴 勇 著	融合五十多家企业在两化融合贯标过程的经验，总结重点与举措
丁兴良讲工业 4.0 丁兴良 著	多角度阐述中国在工业4.0 的机遇和挑战		
建材家居			
一、建材家居门店			
家居建材促销与引流 薛 亮 李永锋 著	对泛家居营销执行模式和工具、关键环节等进行汇总	新零售动作分解与实操：建材·家居·家具 盛斌子 著	对泛家居行业趋势、店面管理、团队管理、促销推广、五感营销等提供策略
家具行业操盘手 王献永 著	总结家具终端门店发展的现状及问题并给出策略	手把手教你做专业督导 熊亚柱 著	系统梳理督导的核心技能，岗位职责、工作流程及技能
手把手帮建材家居导购业绩倍增 熊亚柱 著	针对建材家居门店的业务人员，案例故事还原场景教你成为好导购	10 步成为最棒的建材家居店店长 徐伟泽 著	梳理店长管理的核心工作职责，店面管理规范和帮助销售人员成长
建材家居门店销量提升 贾同领 著	9 个板块讲述建材一个单店如何做到经营的良性循环	建材家居门店 6 力爆破 贾同领 著	产品力、导购力、形象力、推广力、服务力、组织力
二、建材家居经销商			
新经销：新零售时代教你做大商 黄润霖 著	探访近100位经销商在传统营销手法上的创新，传统营销微创新和新营销本地化	建材家居经销商42章经 王庆云 著	经营管理的心法和战法，帮助经销商成为"业务妙手"和"管理能手"

书名	内容	书名	内容
成为最赚钱的家具建材经销商 李治江 著	针对建材家居行业的经销商，从销售模式、产品、门店、市场等方面给出方法		
三、建材家居企业			
定制家居黄金十年 韩锋 翁长华 著	对中国定制家居行业 20 年发展历程深度、系统、专业的解读	建材家居营销：除了促销还能做什么 孙嘉晖 著	探索家居建材行业营销的革命，回顾和思考来发现行业"营销天花板"的突破口
建材家居营销实务：新环境、新战法 程绍珊 杨鸿贵 著	针对建材家居市场特点提出以客户价值为基础的整体营销价值链		
零货·超市·百货			
新零售进化路径 李政权 著	预先复盘新零售及商业的未来，找到方向	新零售 新终端 迪智成 著	将新零售系统打法做梳理并落地在新终端建设上
移动互联下的超市升级 联商网 著	超市未来的发展趋势，对社区超市、生鲜、全渠道建设、O2O 等提出观点	百货零售全渠道营销策略 陈继展 著	零售行业的竞争重点、行业本质、战略转型、未来趋势、经验和案例
超市卖场定价策略与品类管理 IBMG 集团 著	零售企业的市场拓展与商品定位、商品结构与商品陈列、毛利分析与库存分析	连锁零售企业招聘与培训破解之道 IBMG 集团 著	围绕零售企业组织架构、培训体系建设等内容进行深刻探讨
总部有多强大，门店就能走多元 IBMG 集团 著	五大方向综合阐述连锁零售企业总部如何提升管理能力	三四线城市超市如何快速成长：解密甘雨亭 IBMG 集团 著	甘雨亭的许多关键经营指标均高于行业标准，学习其成功的方法
中国首家未来超市：解密安徽乐城 IBMG 集团 著	对乐城超市的掌门人及内部员工的采访详细阐释了乐城的经验	零售：把客流变成购买力 丁昀 著	通过大量的实际案例对中国零售业态的升级转型之路提出思考
餐饮·服装·影院			
餐饮新营销 杨勇 程绍珊 著	聚焦餐饮企业转型，系统的餐饮企业营销管理体系	电影院的下一个黄金十年 李保煜 著	介绍了中国电影产业的运作模式以及电影院的开发、设计思路
餐饮企业经营策略第一书 吴坚 著	阐述餐饮企业产品之道、市场之道、顾客之道及盈利之道	赚不赚钱靠店长，从懂管理到会经营 孙彩军 著	注重专卖店的经营思路拓展，门店管理细节方面能力提升
农牧业			
一、农资			
饲料营销有方法 陈石平 著	饲料营销的 7 大核心命题	农资营销实战全指导 张博 著	深度营销在农资市场行之有效的营销策略和工具
新农资如何弯道超车 刘祖轲 著	从农业产业化、互联网转型、行业营销与经营突破		

书名	内容	书名	内容
二、农牧企业			
中国牧场管理实战 黄剑黎 著	牧场管理标准、管理制度、操作规程做出剖析和指引	**中小农业企业品牌战法** 韩 旭 著	农业企业需要全产业链视野，更需要品牌实战方法
变局下的农牧企业9大成长策略 彭志雄 著	为农牧企业量身打造了9个立足现在、展望未来的成长策略	**农产品营销实战第一书** 胡浪球 著	针对33个农产品营销的核心问题提供具体招数
地产·汽车			
一、地产			
中国城市群房地产投资策略 吕俊博 刘 宏 著	挖掘主要城市群的现状特征、发展因子、演化趋势、竞争关系等，给出分析建议	**产业园区/产业地产：规划、招商、实战运营** 阎立忠 著	认知、规划、招商、运营四方面系统解读产业园区的建设精要和运营技巧
人文商业地产策划 戴欣明 著	"全球化视野（创意）"＋"人文＋"思维		
二、汽车			
商用车经销商运营实战 杜建君 著	对商用车经销商的经营与管理、4S店运营做了全方面的系统总结	**汽车配件这样卖** 俞士耀 著	适合轮胎、机油、维修、快保、美容、洗车等汽车服务业态销售实操办法
润滑油销售：这样说，这样做更有效 张金荣 著	总结润滑油销售面对三大客户常遇到的200余个营销问题解决方法		
投资理财·收购资本			
交易心理分析 马克·道格拉斯 【美】 著	一语道破赢家的思考方式，并提供了具体的训练方法	**财报背后的投资机会** 蒋豹 著	零基础轻松掌握财务报表的相关知识，快速入门
写给企业家的公司与家庭财务规划 周荣辉 著	以企业的发展周期为主线，写各阶段企业与企业主家庭的财务规划	**分股合心** 段磊 周剑 著	围绕股权激励，详细介绍相关知识和实行方法
成功并购300问 浩德并购军师联盟 著	系统学习资本运作和企业并购知识的金融工具书	**并购名著阅读指南** 叶兴平 著	全球5000多本并购图书中精选200本并进行评价
阿米巴			
阿米巴经营的中国模式 李志华 著	基于阿米巴经典理念提出了适合中国本土的员工自主经营的"1532"模型	**集团化企业阿米巴实战案例** 初勇钢 著	作者在某酒厂推行阿米巴经营模式的心得
中国式阿米巴落地实践之激活组织 胡八一 著	划分原则、裂变与整合、组织管控、重新定位、巴长竞聘和组阁	**中国式阿米巴落地实践之从交付到交易** 胡八一 著	从6个方面阐述经营会计，从交付到交易是成功实施阿米巴的标志
中国式阿米巴落地实践之持续盈利 胡八一 著	企业做平台、平台做成阿米巴、阿米巴做成合伙制		

人力资源管理			

一、绩效·薪酬

书名	内容	书名	内容
回归本源看绩效 孙 波 著	从目的和概念帮助企业梳理绩效管理与经营的关系	走出薪酬管理误区 全怀周 著	7个常见薪酬误区入手为企业提供一套系统解决方法
曹子祥教你做绩效管理 曹子祥 著	作者核心授课课程的还原，掌握绩效管理的核心内容	曹子祥教你做激励性薪酬设计 曹子祥 著	作者28年咨询经验总结，如何进行科学的薪酬体系设计

二、招聘·面试·培训

书名	内容	书名	内容
把招聘做到极致 远 鸣 著	多年人力资源资深招聘经理多年工作心得提炼	把面试做到极致 孟广桥 著	一套实用的确定岗位招聘标准、提升面试官技能方法
人才评价中心漫画版 邢 雷 著	用漫画形式写成的人才测评专业书籍	世界500强资深培训经理人教你做培训管理 陈 锐 著	从构建培训体系、培训组织、培训文化、开发培训资源教你做培训管理

三、HR高管·劳动法

书名	内容	书名	内容
经营型HRD 黄渊明 著	总结企业HRD如何支撑企业经营成功抓好七件关键事情	人才供应链：实现高绩效均衡的人才管理模式 许 锋 著	打造人才供应链的四大支柱，十项修炼的完整体系
新任HR高管如何从0到1 新 海 著	到互联网创业型企业担任HRVP，从0到1建立较完善的HR体系	人力资源体系与e-HR信息化建设 刘书生 陈 莹 王美佳 著	6大框架、28个关注点、5大目标、6大优势、166个交付物咨询体系和盘托出
集团化人力资源管理实践 李小勇 著	针对集团型企业人力资源管理急问题，提出科学建议	我的人力资源管理笔记 张 伟 著	第三方咨询视角跳出"技术方法"看人力资源管理
人力资源的5分钟劳动法 李皓楠 著	入职管理、在职管理、离职管理中遇到的劳动法问题及应对		

四、HRBP

书名	内容	书名	内容
HRBP是这样炼成的之菜鸟起飞 黄渊明 著	作者在初步转型HRBP两年时间里摸索实践的亲身经历与总结	HRBP是这样炼成的之中级修炼 黄渊明 著	结合作者亲身从事HRBP的工作经历，总结HRBP的作战故事
HRBP高级修炼 黄渊明 著	故事方式，HRD角度深度呈现运用HRBP的思维、方法		

企业文化			

书名	内容	书名	内容
企业文化落地本土实践 王祥伍 著	华夏基石"知信行"模型描绘企业文化落地路线图	企业文化的逻辑 王祥伍 著	从文化起源深刻剖析文化、效率、企业、企业文化联系
企业文化定位·落地一本通 王明胤 著	企业文化理念传播和落地聚焦的17种方法，解读了近100个实战案例	36个拿来就用的企业文化建设工具 海融心胜 著	汇集整理了36个通用的企业文化实践工具

书名	内容	书名	内容
企业文化激活沟通 宋杼宸 安琪 著	系统阐述沟通与企业文化的关系,给予企业提升沟通效能的企业文化解决方案	企业文化建设超级漫画版 邢雷 著	用漫画形式写成的企业文化建设专业书籍,理论体系和29个具体的操作方法
在组织中绽放自我 朱仁建 著	个人与组织之间的关系,文化对组织化形成的影响		
流程管理			
营销·研发·供应链业务架构与流程管理 谭勋晖 著	对营销、研发、供应链这三大业务流程变革实践经验总结	打造集成供应链 王春强 著	第一用力在"集成"上,梳理内外部各相关模块及其依赖关系
人人都要懂流程 金国华 余雅丽 著	50幅流程管理漫画,内部对流程价值理念的高度共识	用流程解放管理者 张国祥 著	8个板块构成,共66篇文章,14幅流程管理图
用流程解放管理者2 张国祥 著	对中小企业规范化流程管理进行系统的阐述	跟我们学建流程体系 陈立云 罗均丽 著	在《跟我们做流程管理》基础上丰富了标杆实践案例
16949质量管理体系落地与全套文件汇编 谭洪华 著	对IATF16949每个条款讲解采用理解、作用、落地、模板、成功案例四个模块解析	ISO9001:2015制造业文件模板全集 贺红喜 著	五篇内容组成的完整的质量管理体系工具文件
精益质量管理实战工具 贺小林 著	四个方面对精益质量管理进行了全方位介绍和解读,并提供大量方法工具	五大质量工具详解及运用案例 谭洪华 著	APQP、FMEA、MSA、SPC、PPAP这五大质量工具的具体运用
IATF16949质量管理体系详解与案例文件汇编 谭洪华 著	针对IATF16949的标准原文做详细解说,同时提供大量表单案例	SA8000:2014社会责任体系认证实战 吕林 著	将SA8000多版本及10多年的体系实战经验汇编成书
ISO9001:2015新版质量管理体系解读与案例文件汇编 谭洪华 著	ISO9001:2015新版标准理解和运用操作进行详细解读	ISO14001:2015新版环境管理体系解读与案例文件汇编 谭洪华 著	ISO14001:2015改版后的差别和操作运用进行详细讲解
精益生产			
一、精益·JIT·IE			
精益思维 刘承元 著	作者二十余年企业经营和咨询管理的经验总结	比日本工厂更高效 刘承元 著	管理提升无极限+超强经营力+精益改善里的成功实践
计划与物流精益改善之道 于晓光 著	围绕"计划与物流战略咨询的方法论"进行解析,提供方法论和案例	300张现场图看懂精益5S 乐涛 著	通过日本丰田、上市企业案例,用300张现场图系统讲解5S管理
3A顾问精益实践1:IE与效率提升 党新民 苏迎斌 蓝旭日 著	系统、全面地介绍IE工厂管理技术,提高效率创造价值	3A顾问精益实践2:JIT与精益改善 肖智军 党新民 著	系统、全面地介绍JIT生产方式,并加入实践案例
高员工流失率下的精益生产 余伟辉 著	从三方面论述推行精益管理时如何应对员工流失		

书名	内容	书名	内容
二、生产管理			
化工企业工艺安全管理实操 黄娜 著	围绕化工工艺安全14要素来展开分析	手把手教你做专业生产经理 黄娜 著	生产经理如何在信息流、物流、资金流三大流中开展工作
欧博心法：好工厂 靠管理 曾伟 著	从管人篇和管事篇帮助读者解决人难管、事难控	欧博工厂案例1：生产计划管控对话录 曾伟 曾子豪 著	工厂管理生产计划管控模块的8个全景细节大案例
欧博工厂案例2：品质技术改善对话录 曾伟 曾子豪 著	工厂管理品质、技术、效率管理模块的10个全景细节大案例	欧博工厂案例3：员工执行力提升对话录 曾伟 曾子豪 著	工厂管理人员管控模块的5个全景细节大案例
工厂管理实战工具 曾伟 著	中国传统文化指导下的工厂管理工具		
全能型班组：城市能源互联网与电力班组升级 国网天津电力公司 著	从互联网时期的班组转型升级出发，对新型班组组织模式和运行机制进行了设想	国网天津电力全能型班组建设实务 国网天津电力公司 著	聚焦天津电力公司在探索全能型班组转型升级时的优秀实践
车间人员管理那些事儿 岑立聪 著	小事入手把基层车间管理者头疼的事务打包解决		
咨询·培训师			
培训师事业长青之道 廖信琳 著	培训师自我管理的"洋葱模型"，十项内容与五个层级	管理咨询师的第一本书 熊亚柱 著	深度剖析初级入行咨询师在工作中会遇到的问题
资深管理咨询顾问工作心得 张国祥 著	使用手册讲述咨询师如何操作项目，老板如何选择咨询师，企业如何自主落地	手把手教你做顶尖企业内训师 熊亚柱 著	从开、控、收、编、制、用的角度去践行培训师的职责
TTT培训师精进三部曲上 廖信林 著	手把手教您"深度改善现场培训效果"的一招一式	TTT培训师精进三部曲中 廖信林 著	建构一整套培训课程设计与开发的认知架构和方法体系
TTT培训师精进三部曲下 廖信林 著	通过"沉淀职业功力的六度模型"，帮助培训师在职业技能上的持续精进		
产品·研发			
研发体系改进之道 靖爽 陈年根 马鸣明 著	取材数十家企业研发改进的咨询实践，提炼一套实操的改进步骤与工具	新产品开发管理，就用IPD（升级版） 郭富才 著	把产品经营的思想凝结在新产品开发管理机制中，升级版更丰富
产品开发管理：方法·流程·工具 任彭枞 著	结合超过300家企业的实际研发管理方法，总结问题和方法，大量表格	资深项目经理这样做新产品开发管理 秦海林 著	采用过程管理方法，对新产品开发的四大过程进行分析，主要针对小电器产品
产品炼金术I：如何打造畅销产品 史贤龙 著	如何打造畅销产品的四个方法	产品炼金术II：如何用产品驱动企业成长 史贤龙 著	经营者视角重新认识产品，对产品现状快速诊断
中东历史与现状二十讲 黄民兴 著	对中东几千年的历史和动荡的现状进行了一个白描	非暴力抵抗的诞生 甘地 著	甘地南非21年为印度侨民争取政治权利的艰苦历程

书名	内容	书名	内容
中国古代政治制度上：皇帝制度与中央政府 刘文瑞 著	探究中国古代政治制度的规则和机制，论证古代皇帝制度的形成和演变历程	中国古代政治制度下：地方体制与官僚制度 刘文瑞 著	探究中国古代政治制度的规则和机制，论证古代地方政府的发展演变过程
两晋南北朝十二讲 李文才 著	分12个专题对两晋南北朝的历史进行阐述	每个中国人身上的春秋基因 史贤龙 著	透过真实的春秋历史，看到人性里的黑暗与光明、卑劣与高尚
二、哲学			
车过麻城·再晤李贽 张再林 著	用游记的方式，展示李贽独到的学术眼力和理论建树	王阳明万物一体论 陈立胜 著	"万物一体"是王阳明思想的基本精神。大人者，能与天地万物为一体
自我与世界：以问题为中心的现象学运动研究 陈立胜 著	对现象学运动之中的"意向性""自我""他人""身体"及"世界"进行深入分析	作为身体哲学的中国古代哲学 张再林 著	对中国古代哲学之性质内容给予一种全新的理论解读
中西哲学的歧义与汇通 张再林 著	揭示中西哲学"你中有我，我中有你"之旨		
三、传统文化			
与老子一起思考·道篇 史贤龙 著	一本将《老子》思想本义、思想价值、思想史地位、文明史意义讲透的著作	与老子一起思考·德篇 史贤龙 著	考、释、译、论四个方面的工作对《老子》进行解读
国富策：读管子知天下财富 翟玉忠 著	《管子》轻重十六篇为核心的轻重术，深刻阐发从中汲取有益时代的经验教训	说服天下：鬼谷子的中国沟通术 翟玉忠 著	为纵横家正名，对纵横术进行了系统总结
中国商道 翟玉忠 著	对中国先秦和明清时期商业典籍系统整理和诠释	梁涛讲孟子之万章篇 梁涛 著	对《万章》的讲解通俗、富有新意
中国思想文化十八讲 张茂泽 著	中国宗教文化课程10年基础上撰写而成，介绍中国古代宗教思想	孔门心法，中道而行：史幼波中庸讲记 史幼波 著	史幼波讲的《中庸》提炼出中华传统心性之学的精髓
大学之道，圣学纲目：史幼波大学讲记 史幼波 著	史幼波讲的《大学》帮助我们在自己身上找到一个精神的皈依处	史幼波《周子通书》《太极图说》讲记 史幼波 著	根据史幼波围绕这两篇儒学经典的系列讲座整理而成
四、书法·太极·教育·英语			
跟陈忠建学写名家书法 I 陈忠建 著	用视频跟陈忠建学名家书法之楷书·行书	跟陈忠建学写名家书法 II 陈忠建 著	用视频跟陈忠建学名家书法之隶书·楷书·行书
郑子太极拳理拳法 杨蓥雄 著	作者14岁入郑子太极之门，用故事性的方式讲述教学	内功太极拳训练教程 王铁仁 著	训练方法及练习，用内气演练过程予以详析，有视频
别让你的执着毁了孩子 廖信林 著	复盘与孩子互动过程中的关键时刻，有效的亲子教育	像美国人一样讲话 马方旭 著	美国最常用的800句习惯用语搭配场景例句，有视频